ZEITSCHRIFT FÜR ANGEWANDTE GEOLOGIE

HERAUSGEGEBEN VOM
ZENTRALEN GEOLOGISCHEN INSTITUT
IM AUFTRAG DES
STAATSSEKRETARIATS FÜR GEOLOGIE

AUS DEM INHALT

AKADEMIE-VERLAG · BERLIN

BAND 15 / HEFT 6
JUNI 1969
SEITE 277—332

Die ZEITSCHRIFT FÜR ANGEWANDTE GEOLOGIE berichtet ständig über folgende Arbeitsgebiete: Geologische Grundlagenforschung und Lagerstättenforschung / Methodik der geologischen Erkundung / Ökonomie und Planung der geologischen Erkundung / Technik der geologischen Erkundung / Geologie und Lagerstättenkunde im Ausland. In der Zeitschrift können alle strittigen Fragen der praktischen Geologie behandelt werden. Die Autoren übernehmen für ihre Aufsätze die übliche Verantwortung.

ZEITSCHRIFT FÜR ANGEWANDTE GEOLOGIE

Träger der Ehrennadel in Gold der Gesellschaft für Deutsch-Sowjetische Freundschaft

KOLLEKTIVE CHEFREDAKTION

Dr. K. KAUTER (Redaktionssekretär)
Prof. Dr. F. STAMMBERGER
Dr. habil. G. TISCHENDORF

BAND 15 · JUNI 1969 · HEFT 6

Zum Tag des Bergmanns der DDR

Zum „Tag des Bergmanns" der Deutschen Demokratischen Republik übermittle ich auf diesem Wege allen Werktätigen des Bereiches Geologie herzlichste Grüße.

Mit einem herzlichen „Glückauf!" grüße ich die sowjetischen Spezialisten, die gemeinsam mit den Werktätigen der DDR in der geologischen Forschung und Erkundung auf Erdöl und Erdgas zur Stärkung unserer Republik ihre ganze Kraft einsetzen.

In Vorbereitung des 20. Jahrestages des Bestehens des ersten deutschen Arbeiter-und-Bauern-Staates haben die Geologen, Geophysiker, Techniker und Ökonomen gemeinsam mit den Produktionskollektiven und durch die großzügige Unterstützung der sowjetischen Spezialisten bedeutsame wissenschaftliche und volkswirtschaftliche Leistungen vollbracht. Dadurch war es möglich, die Erfüllung des Volkswirtschaftsplanes in seinen wichtigsten Kennziffern zu sichern und einen Beitrag zur Durchsetzung der strukturpolitischen Konzeption der Volkswirtschaft der DDR zu leisten.

Ich danke allen Werktätigen des Bereiches Geologie für ihre großen Leistungen im Wettbewerb zu Ehren des 20. Jahrestages der DDR und wünsche ihnen weitere große Erfolge zur Stärkung unserer Republik. Mein besonderer Dank gilt den Schrittmacherkollektiven, die in der geologischen Forschung und Erkundung auf Erdöl und Erdgas, bei der Niederbringung komplizierter tiefer Bohrungen, der Effektivitätserhöhung der geophysikalischen Arbeiten und bei der Einsatzvorbereitung moderner Methoden der Planung und Leitung beispielhafte Spitzenleistungen vollbracht haben.

Im gesamten Bereich Geologie konnte durch diese schöpferische und vorwärtsdrängende Arbeit ein bedeutsamer Schritt nach vorn zur Erfüllung der Beschlüsse des VII. Parteitages der SED getan werden.

Die Geologie ist in der DDR in zunehmendem Maße ein bedeutsamer Faktor für den wissenschaftlich-technischen Fortschritt geworden. Damit wachsen auch die Verantwortung und der Anteil jedes Werktätigen des Bereiches Geologie für die Entwicklung der gesamten Volkswirtschaft beim Aufbau des entwickelten gesellschaftlichen Systems des Sozialismus.

Die wichtigste Aufgabe bei der Weiterführung des sozialistischen Wettbewerbes besteht deshalb darin, die guten Erfahrungen und Schrittmacherleistungen auf alle Bereiche und Kollektive zu übertragen, um damit die Planaufgaben 1969 allseitig zu erfüllen.

In Wahrnehmung der verfassungsmäßig garantierten Rechte und Möglichkeiten müssen die Leiter gemeinsam mit allen Werktätigen mit der Ausarbeitung und Diskussion des Volkswirtschaftsplanes 1970 und des Perspektivplanes 1971 bis 1975 die weitere rasche Steigerung der volkswirtschaftlichen Effektivität der geologischen Arbeit sichern. Das erfordert, die geologische Forschung und Erkundung inhaltlich noch zielstrebiger auf die strukturbestimmenden Aufgaben zu konzentrieren, die erreichten Anfänge in der Durchsetzung einer rationellen Wissenschaftsorganisation beschleunigt auszubauen und die unmittelbare wissenschaftlich-technische Zusammenarbeit mit der Sowjetunion und den anderen sozialistischen Staaten noch enger zu gestalten. Mit der weiteren Ausarbeitung und Durchsetzung des ökonomischen Systems des Sozialismus als Ganzes im Bereich Geologie sind das System der Planung, Leitung und Organisation weiter zu verbessern und die marxistisch-leninistische Organisationswissenschaft mit höchstem Effekt anzuwenden. Ausgehend von den Erfordernissen der wissenschaftlich-technischen Revolution und besonders in Auswertung unserer eigenen Erfahrungen müssen noch 1969 wesentliche Anstrengungen unternommen werden, um einen ausreichenden Vorlauf auf dem Gebiet der Produktionsvorbereitung, besonders der komplexen Projektierung der geologischen Erkundungsarbeiten, zu erreichen.

In der Weiterführung des sozialistischen Wettbewerbs, der Ausarbeitung und Diskussion der Plandokumente sollten die staatlichen Leiter alle Werktätigen besonders in die aktive Gestaltung und breite Anwendung rationellster Erkundungstechnologien schöpferisch einbeziehen und so noch wirksamer den Kampf um geringste Kosten, höchste Qualität und maximalen Zeitgewinn führen.

Ich wünsche allen Werktätigen des Bereiches Geologie und ihren Angehörigen zum „Tag des Bergmanns" an der Schwelle zum dritten Jahrzehnt unserer DDR viel Erfolg, beste Gesundheit und Schaffenskraft.

Dr. M. Bochmann
Staatssekretär für Geologie

Kaoline und Tertiärtone in Nordostsachsen

CHRISTOPH ADAM, Dresden

Nordostsachsen gehört hinsichtlich der Verbreitung von Kaolin- und Tertiärtonlagerstätten zu den bedeutendsten Rohstoffrevieren der DDR. Der Aufschwung unserer Industrie nach dem 2. Weltkrieg ist auch hier eng verbunden mit einer verstärkten geologischen Forschung. Ausgehend von bekannten Vorkommen war es zunächst notwendig, die Rohstoffversorgung bestehender oder bereits geplanter Betriebe zu sichern. Erst in den letzten Jahren konnte die Erkundung von spezifischen Wünschen der Industrie getrennt und damit eine höhere Qualität erreicht werden.

Eine generelle Analyse des neuesten Standes der Erkundung lag für das Untersuchungsgebiet bisher nicht vor. Sie wurde erst mit der von der Bergakademie Freiberg genehmigten Dissertation „Beiträge zur Kenntnis der Kaoline und Tertiärtone in Nordostsachsen"[1]) im Jahre 1968 gegeben. Im Rahmen dieser Arbeit galt es, die Frage der geologischen Ausbildung und Genese typischer Kaolin- und Tertiärtonlagerstätten grundlegend zu klären. Dazu gehörte eine chemisch-physikalische Charakteristik der verschiedenartigen Rohstofftypen, verbunden mit Schlußfolgerungen zur volkswirtschaftlich optimalen Lagerstättennutzung sowie Vorschlägen für künftige Erkundungen. Im folgenden wird ein kurzer Querschnitt der behandelten Thematik gegeben.

Das Untersuchungsgebiet (Abb. 1) erstreckt sich vom Raum Meißen bis an die Lausitzer Neiße. Es ist 10 bis 15 km breit und 100 km lang. Morphologisch handelt es sich um flachwelliges Hügelland im Höhenbereich zwischen 130 und 260 m über NN, das im nördlichen Teil in Flachland übergeht. Geologisch gehört das Gebiet zum Lausitzer und zum Meißner Massiv. Es stellt einen Ausschnitt eines größeren Reviers am Nordrand der Böhmischen Masse dar, in dem oberflächennah Kaoline und Tertiärtone auftreten.

Arbeitsmethodik

Zur geologischen Erkundung kamen im Arbeitsgebiet fast ausschließlich Schappenbohrungen in Anwendung. Anhand von etwa 5000 Schichtenverzeichnissen sind von den Lagerstätten und ihrer Umgebung zahlreiche geologische Schnitte, räumliche Darstellungen und Spezialkarten angefertigt worden.

Zur vergleichenden Betrachtung und Horizontierung der einzelnen Lagerstätten dienten typische Bohrungen mit vollständiger Gesteinsfolge.

Der Umfang der Laboruntersuchungen war abhängig vom jeweiligen Rohstoff. Standardisierte Prüfverfahren wurden erst in den letzten Jahren eingeführt. Infolge der oft breiten Streuung älterer Ergebnisse mußten für Vergleiche in erster Linie Durchschnittswerte herangezogen werden.

Eingang des Manuskripts in der Redaktion: 7. 1. 1969.

[1]) Publikation vorgesehen in den Abhandlungen des Zentralen Geologischen Instituts im Jahre 1969.

Die Rohstoffcharakterisierung basiert im wesentlichen auf etwa 2250 chemischen Vollanalysen, mineralogischen Untersuchungen, vorwiegend qualitativer Art, an 150 Proben, 600 Korngrößenbestimmungen sowie 550 brenntechnischen Untersuchungen im Labormaßstab an plastisch verformten Prüfkörpern.

Geologische Verbreitung, Ausbildung und Genese der untersuchten Rohstoffe

Die Kaoline sind in Nordostsachsen flächenhaft verbreitet und verdanken ihre Entstehung — wie bereits DIENEMANN (1928) erkannte — der Verwitterung. Als begünstigend für die Genese wird die tektonische Zerrüttung der Ausgangsgesteine im Rahmen der saxonischen Bruchtektonik angesehen.

Die bevorzugt kaolinitische Verwitterung ist hauptsächlich auf das Vorherrschen relativ saurer Ausgangsgesteine zurückzuführen.

Naturgemäß waren die Verwitterungsvorgänge nicht auf einen so schmalen Gürtel beschränkt, wie er heute im Grenzbereich zwischen älterem Gebirge und den tertiären Lockersedimenten oberflächennah in Erscheinung tritt. In den Hebungsbereichen sind die Verwitterungsmassen allerdings überwiegend abgetragen worden und liegen jetzt vorwiegend als tertiäre Umlagerungsprodukte im nördlichen Vorland.

Eine intensive Verwitterung konnte nur auf dem Festland, unter Mitwirkung zirkulierender Grund- und Sickerwässer, stattfinden, wobei erhöhte Temperaturen beschleunigend gewirkt haben. Sie war unwahrscheinlich an der Basis von Mooren und Seen zur Zeit der Braunkohlenbildung, da hier eine nennenswerte Wasserzirkulation fehlte. Die unter dem Tertiär vorhandenen Kaoline müssen vor der Sedimentablagerung entstanden sein, was jedoch eine Beteiligung von Huminsäuren neben CO_2 an der Verwitterung nicht ausschließt.

Im Normalprofil ist vom Hangenden zum Liegenden nicht — wie oft angenommen — eine kontinuierliche, sondern eine stufenweise Zunahme unvollständig zersetzter bis frischer Primärgesteinsfragmente zu verzeichnen.

Auf Grund des überwiegenden Fe-reichen Ausgangsmaterials herrschen im Untersuchungsgebiet farbige Kaoline vor. Fe-arme, helle Varietäten stellen eine Ausnahme dar. Sie sind auf primär Fe-arme Muttergesteine (wie den Meißner Granodiorit und Porphyr) oder auf stärkere Auslaugung zurückzuführen (z. B. in Nachbarschaft guter pleistozäner Wasserleiter) bzw. auf die Bindung von Fe in Konkretionen.

Als ein Beweis für die terrestrische Verwitterung wird das Vorhandensein von Oxydations- und Reduktionszonen angesehen, die besonders bei Fe-reichen Muttergesteinen — wie dem Lausitzer Grandiorit und dem Syenodiorit des Meißner Massivs — deutlich in Erscheinung treten. In der Oxydationszone herrschen hier gelbe und braune, teilweise auch rote und violette

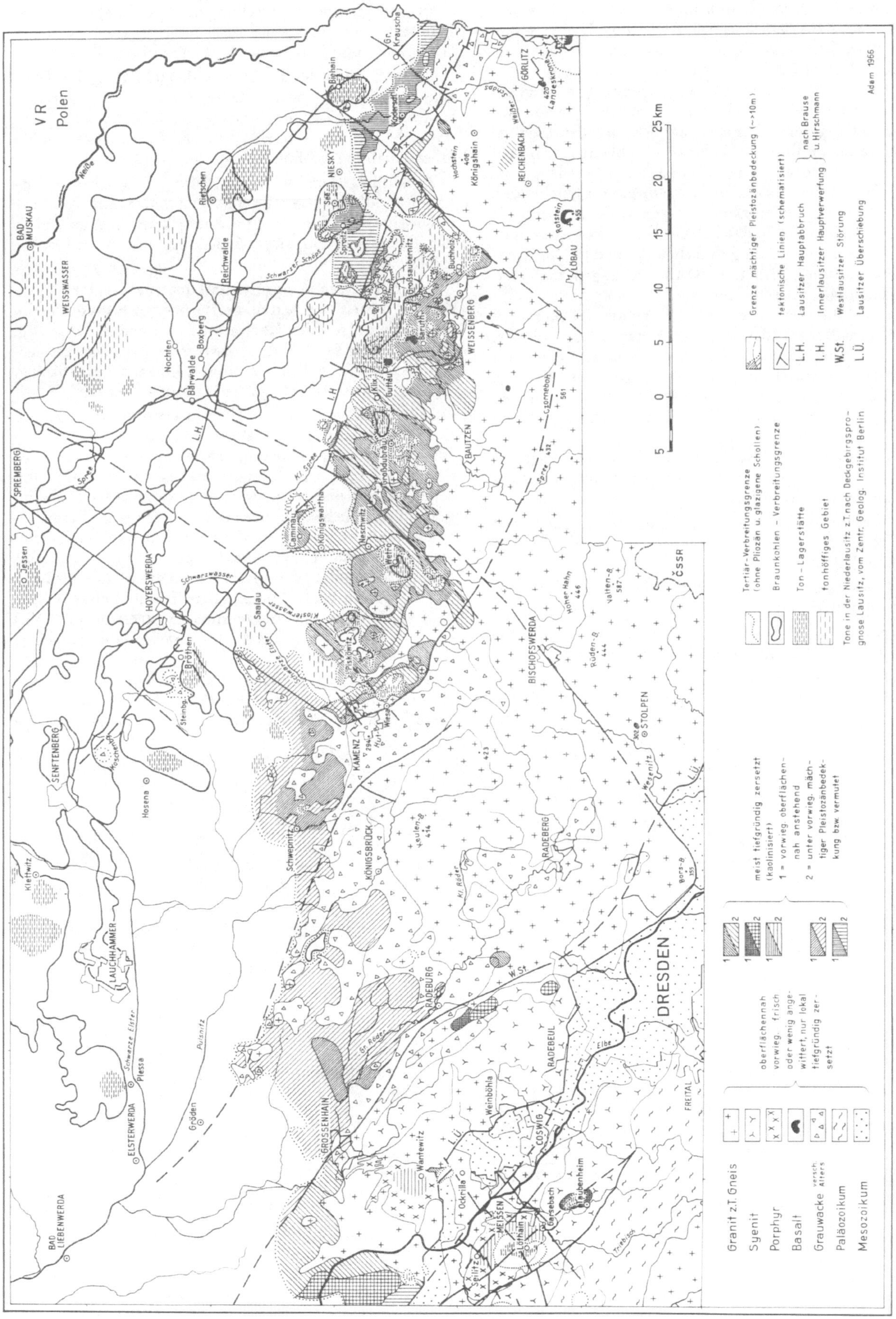

Abb. 1. Kaoline und Tertiärtone in Nordostsachsen

Farbtöne vor. In der Reduktionszone treten grüne und blaue Zersatzprodukte auf. Eine dunkelgrüne Zone leitet über Grus und Hackfels zum mehr oder weniger frischen Gestein über.

Auf Grund tektonischer Bewegungen und dadurch bedingter Abtragungen ist die Verwitterungsrinde im Untersuchungsgebiet zerstückelt, nur unvollständig erhalten und in ihrer Höhenlage erheblichen Schwankungen unterlegen. Die Kaolinreviere werden vorwiegend von herzynisch und erzgebirgisch streichenden Störungszonen gegliedert und begrenzt. Die Kaolinbasis und -oberfläche sowie das heutige Geländeniveau zeigen eine generelle Abdachung zwischen 0,5 und 5% in nördlicher Richtung. Örtlich sind Abweichungen und steilere Neigungen zu verzeichnen.

Die Mächtigkeit zusammenhängender Vorkommen beträgt im Bereich des Meißner Massivs durchschnittlich 10—15 m, in der nördlichen Oberlausitz etwa das Doppelte, maximal 60 m. Primär dürften die Kaoline im Untersuchungsgebiet — analog den tropischen Lateriten — im Mittel 75—100 m mächtig gewesen sein.

Als weitere Hinweise für tektonische Vorgänge im Zusammenhang mit der Kaolingenese und -erhaltung sind zu nennen:

1. Zusammenfallen großer Kaolinmächtigkeit mit niveaumäßig tiefer Kaolinisierung und starker Überdeckung (Abb. 2),

2. Verbiegen von Braunkohlenflözen bei der Auflagerung auf Kaolin,

3. unmittelbares Nebeneinander von frischem Muttergestein und tiefgründiger Kaolinisierung,

4. steiles Kaolinrelief im Grenzbereich mächtiger Überdeckung mit tiefen Auswaschungsrinnen und Abrutschungen.

Die folgenden Feststellungen beweisen, daß die Hauptkaolinisierung im Untersuchungsgebiet zwischen Oberkreide und Untermiozän stattgefunden hat:

1. Im Bereich der Lausitzer Überschiebung bei Ockrilla (Kr. Meißen) wurde Granodiorit flach auf Buntsandstein aufgeschoben. Beide Gesteine können erst nach der zwischen Kreide und Tertiär anzusetzenden Überschiebung kaolinisiert worden sein.

2. Südlich Berzdorf (Kr. Görlitz) sind Granodioritkaolin und Basaltzersatz nebeneinander mit Kontakt aufgeschlossen. Die Kaolinisierung kann hier erst nach der Basalteruption, d. h. frühestens im Oberoligozän, erfolgt sein.

3. Im Liegenden des Niederlausitzer Tertiärs sowie der tektonisch angelegten Tertiärbecken der nördlichen Oberlausitz ist die Kaolinrinde besonders mächtig. Sie muß älter sein als die vorwiegend aus Klassierungsprodukten derselben hervorgegangenen klastischen Sedimente des Oberoligozäns bis Mittelmiozäns.

Der Vollständigkeit halber muß erwähnt werden, daß in Nordostsachsen auch ältere und jüngere Kaolinisierungserscheinungen zu beobachten sind. So deutet z. B. der Chemismus rezenter Grundwässer darauf hin, daß selbst unter den gegenwärtigen klimatischen Bedingungen erhebliche Gesteinsauslaugungen stattfinden.

Tertiärtone sind im Untersuchungsgebiet in einzelnen Vorkommen von der Größe weniger Hektar bis Quadratkilometer verbreitet. Sie kamen im Verband mit Schluffen und Sanden sowie Braunkohlen in limnischen Becken zur Ablagerung. KRUTZSCH und MAI haben teilweise brackische bis marine Beeinflussung nachgewiesen.

Auch das Tertiär ist — besonders im Bereich des Meißner Massivs und der nördlichen Oberlausitz — nur unvollständig erhalten. Es nimmt vorwiegend ein

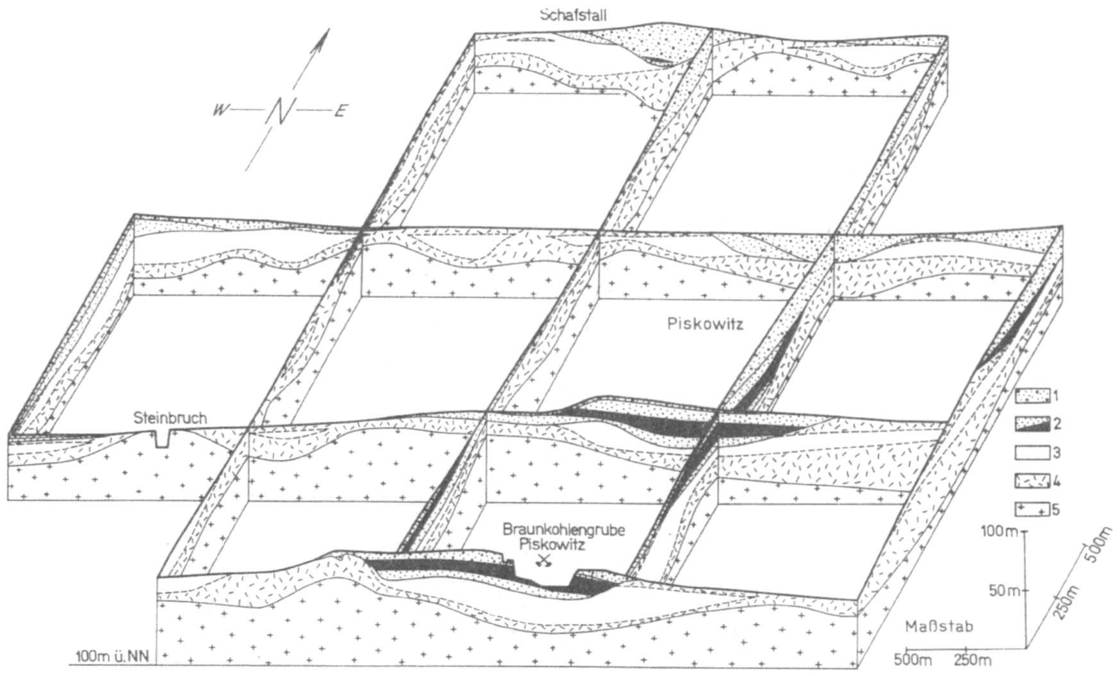

Abb. 2. Kaolin Piskowitz (Kr. Kamenz), schematisches Blockbild
1 — Pleistozän; 2 — Tertiär; 3 — Kaolin, vorwiegend hellgrau, eisenarm; 4 — Kaolin, farbig, eisenreich; 5 — Granodiorit

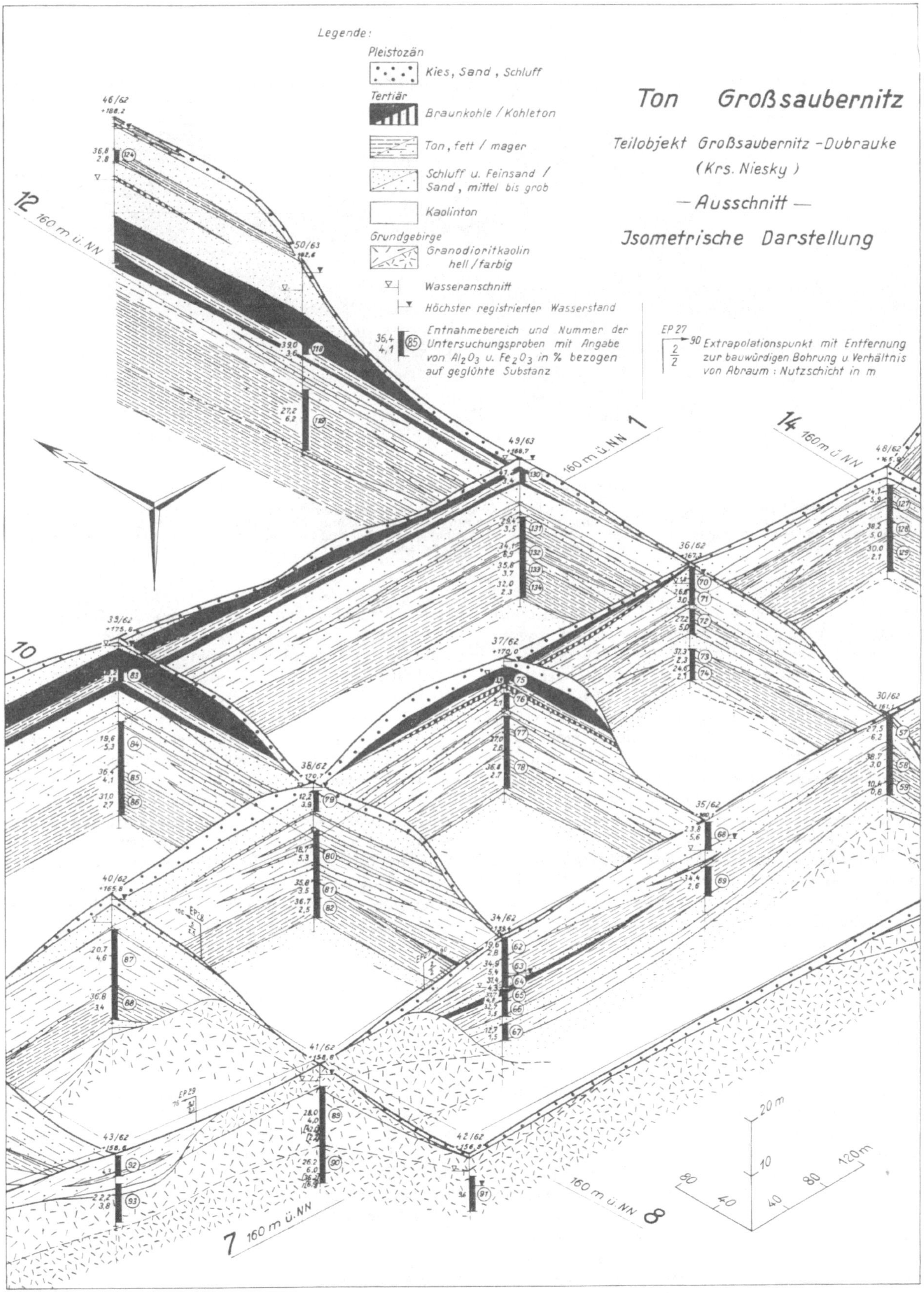
Legende:
Pleistozän
Kies, Sand, Schluff
Tertiär
Braunkohle / Kohleton
Ton, fett / mager
Schluff u. Feinsand / Sand, mittel bis grob
Kaolinton
Grundgebirge
Granodioritkaolin hell / farbig
Wasseranschnitt
Höchster registrierter Wasserstand
Entnahmebereich und Nummer der Untersuchungsproben mit Angabe von Al_2O_3 u. Fe_2O_3 in % bezogen auf geglühte Substanz
Extrapolationspunkt mit Entfernung zur bauwürdigen Bohrung u Verhältnis von Abraum : Nutzschicht in m
Ton Großsaubernitz
Teilobjekt Großsaubernitz-Dubrauke
(Krs. Niesky)
— Ausschnitt —
Jsometrische Darstellung
12 160 m ü. NN
1 160 m ü. NN
14 160 m ü. NN
10
7 160 m ü. NN
8 160 m ü. NN

Abb. 3

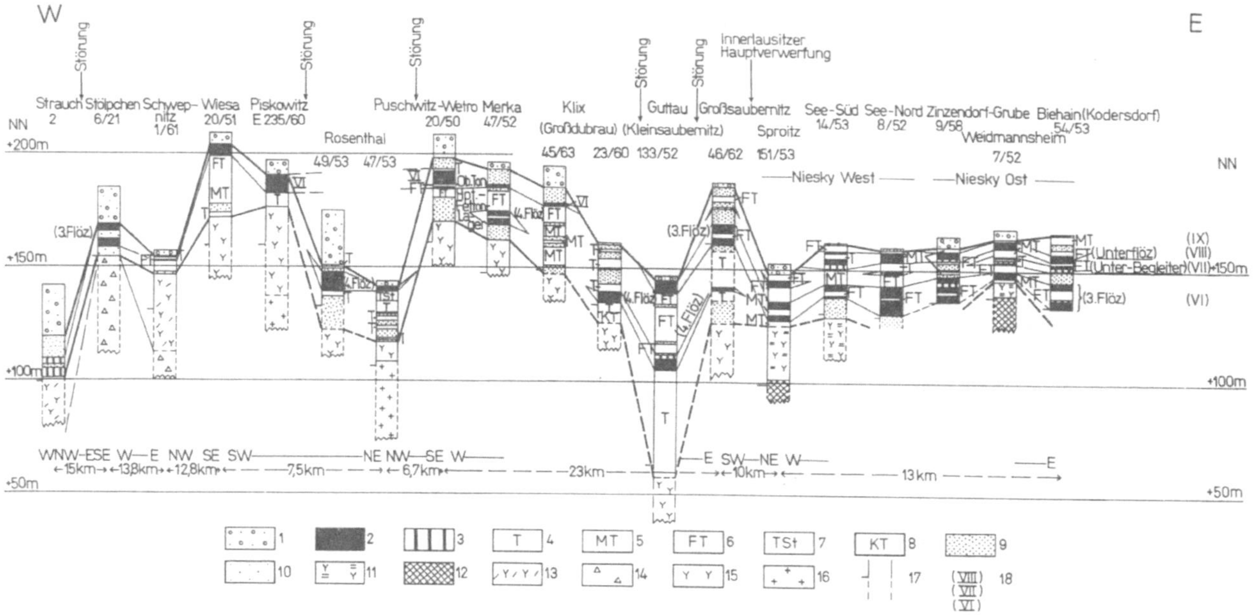

Abb. 4. Standardsäulenprofile von W nach E durch die nördliche Oberlausitz

Pleistozän: 1 — vorwiegend Sand und Kies; Tertiär: 2 — Braunkohle; 3 — Kohleton; 4 — Ton, allgemein (T); 5 — Magerton (MT); 6 — Fetton (FT); 7 — Tonstein (TSt); 8 — Kaolinton (KT); 9 — Schluff und Feinsand; 10 — Sand, vorwiegend mittel bis grob; Grundgebirge: 11 — Schieferzersatz; 12 — Schiefer; 13 — Grauwackenkaolin; 14 — Grauwacke; 15 — Granodioritkaolin; 16 — Granodiorit; 17 — Bohrung mit Endteufe und Extrapolation; 18 — Florenzonen nach MAI (1967) vermutet bzw. nachgewiesen

Niveau zwischen +140 und +200 m NN ein, ist meist zwischen 10—40 m mächtig und zeigt — wie die Kaolinrinde — ein generelles Einfallen in nördlicher Richtung. Südlich Meißen, bei Taubenheim, erreicht das Tertiär ein Niveau über +250 m NN, nordöstlich von Bautzen, bei Kleinsaubernitz, taucht die Tertiärbasis unter NN. Hier wird das Tertiär lokal bis 150 m mächtig.

Wie erwähnt, stellen die klastischen Tertiärsedimente Klassierungsprodukte des in der Hauptsache kaolinisch zersetzten älteren Gebirges dar, die bevorzugt in tektonisch angelegten Becken abgelagert wurden. Hierfür gibt es folgende Gründe:

1. Die tertiären Sande sind relativ scharfkantig und ähneln — auch bezüglich der Korngröße, die selten 2 mm übersteigt — den groben Klassierungsrückständen der Kaolinaufbereitung. Im Gegensatz zum gutabgerollten Pleistozänmaterial war die Umlagerungsstrecke verhältnismäßig kurz.

2. Die Tertiärtone sind analog den Verwitterungsprodukten im Hinterland überwiegend kaolinitisch ausgebildet. Extrem fette Tone ähneln im Chemismus Schlämmkaolin, wobei durch die Umlagerung eine höhere Feinkörnigkeit zu verzeichnen ist. Hochwertige Fe-arme Tone sind auf den Meißner Raum beschränkt, da nur hier entsprechende Kaoline vorkommen.

3. Die Begrenzung der Tertiärbecken verläuft vorwiegend parallel zu den Hauptkluftrichtungen der hiesigen Tektonik. Nahe primärer Verbreitungsgrenzen resultieren auf engem Raume oft erhebliche Mächtigkeitsschwankungen.

4. Die Tertiärfolge ist weitgehend zyklisch gegliedert, wobei die vollständigen Zyklen jeweils mit grober Schüttung einsetzen und mit mehr oder weniger fetten Tonen bzw. Braunkohlen abschließen (Abb. 3). Ursachen hierfür sind mehrphasige, unterschiedlich intensive Heraushebungen und Abtragungen des Nährgebietes bzw. Senkungen der Sedimentationsräume.

5. Die Tertiärsedimente sind besonders in Beckenrandnähe bzw. im Bereich tektonischer Aktivität (z. B. zwischen Innerlausitzer Hauptverwerfung und Lausitzer Hauptabbruch) faziell stark wechselhaft ausgebildet und weisen bereits intratertiäre Auswaschungen auf. Hier konnte auch die pleistozäne Stauchung stärker wirksam werden.

Zur altersmäßigen Einstufung der untersuchten Tertiärvorkommen wird eine Korrelation mit dem stratigraphisch gutgegliederten Südteil des Niederlausitzer Reviers versucht. Berücksichtigt werden hierbei die Sedimentationszyklen, die Intensität der Klassierung, die von MAI (1967) aufgestellten Florenzonen sowie niveaumäßige Vergleiche.

Aus einem W—E orientierten Kolonnenprofil durch die südliche Niederlausitz geht hervor, daß das Tertiär zwischen Elsterwerda und Rietschen, d. h. auf 92 km Länge, zwei Einmuldungen mit Absenkungsbeträgen um 40—50 m aufweist. Es reicht hier bei vollständiger Ausbildung (ohne Berücksichtigung der jüngeren sandig-kiesigen Serie) vom Oberen Oligozän bis zum Mittleren Miozän und besteht hauptsächlich aus Sanden und Braunkohlen.

Das Tertiär des Untersuchungsgebietes ist als Randfazies dagegen stärker gegliedert und bevorzugt tonig ausgebildet (Abb. 4). Die Folge reicht vom Oberen Oligozän bis zum Unteren Miozän. Angedeutete Verbindungen sollen keine absolute Altersgleichheit dokumentieren, sondern lediglich die Zuordnung zu bestimmten Sedimentationszyklen.

Als jüngste Tertiärsedimente mit Toneinlagerungen kamen in der nördlichen Oberlausitz gleichförmig-körnige Fein- bis Mittelsande zur Ablagerung. Danach muß eine starke Absenkung des Niederlausitzer Beckens bzw. eine Hebung des Gebiets südlich der Innerlausitzer Hauptverwerfung stattgefunden haben. Darauf ist die Ablagerung sandig-kiesiger Flußschotter zurückzuführen, die bereits von GENIESER (1955) u. a. beschrieben worden sind.

Chemisch-physikalische Charakteristik der Rohstoffe

Die Rohstoffcharakteristik läßt sich in diesem Rahmen nur kurz an einigen markanten Beispielen erläutern. Umfangreiche Rohstoffuntersuchungen liegen aus dem Lausitzer Raum vor. Der Lausitzer Granodiorit ist als relativ homogenes Gestein besonders geeignet, die Vorgänge der Verwitterung sowie der Umlagerung der Verwitterungsprodukte zu erfassen.

Bereits aus den chemischen Analysen erkennt man, daß die Granodioritkaoline recht einheitlich aufgebaut sind.

Durch künstliche Klassierung ist eine Abtrennung des groben Quarzes, d. h. eine Anreicherung der Tonmineralkomponente auf 90–95%, möglich (Abb. 5). Dabei kommt es auch zu einer gewissen Anreicherung von TiO_2 und K_2O. Fe erfährt nur dann eine Abnahme, wenn es in Form von Konkretionen vorliegt (wie das z. B. teilweise bei der Lagerstätte Caminau der Fall ist). Auch durch natürliche Klassierung, d. h. im Verlauf der Entstehung von Tonlagerstätten, kann die Tonmineralkomponente im günstigen Fall erheblich angereichert sein.

Welche chemischen Veränderungen sich durch Verwitterung und unterschiedliche Klassierung der Verwitterungsprodukte ergeben, zeigt Abb. 6. Die stofflichen Änderungen beziehen sich dabei auf den Primärgehalt im Ausgangsgestein = 100%.

In diesem Zusammenhang verdient die Verwitterung von Gesteinen mit feinkörnigem Quarz Erwähnung, wie z. B. der Großsaubernitzer Grauwacke bzw. des Meißner Porphyrs. Weder durch Verwitterung noch durch Klassierung konnte es hier zu einer extremen Al_2O_3-Anreicherung kommen.

Mineralogisch bestehen die untersuchten Kaoline sowie der Schieferzersatz im wesentlichen aus Quarz und Kaolinit, untergeordnet aus Illit. Die Tonminerale können bis zu mehreren μm groß sein, Kaolinitaggregate sogar bis ca. 0,5 mm.

Feldspat und Glimmer wurden im Profil des Normalkaolins quantitativ umgewandelt bzw. nur vereinzelt oder in der Nähe der Kaolinisierungsbasis gefunden. Fe kann vorwiegend an Limonit oder Siderit, in tieferen Zonen auch an unvollständig zersetzten Biotit gebunden sein. LASCH und STÖRR (1967) haben auch Nontronit sowie nadelförmige Aufwachsungen von Fe-Mineralen auf Kaolinit nachgewiesen.

Besonderheiten der Verwitterung sind hohe Feldspatgehalte (Orthoklas) im Syenitzersatz sowie im Granodioritkaolin des Meißner Massivs. Der Syenitzersatz zeichnet sich auch durch erhebliche Nontronitgehalte aus. Im Pechsteinkaolin konnte neben Quarz vorwiegend Mixed-layer-Mineral nachgewiesen werden.

Die Tertiärtone des Untersuchungsgebietes sind gleichermaßen vorwiegend kaolinitische Rohstoffe, wobei der Kaolinit in den Fettonen auf > 80% angereichert sein kann. Qualitätskennzeichnend ist der Quarzgehalt, der bei den Fettonen allgemein < 10%, bei den Magertonen bis > 50% beträgt. Fast in sämtlichen

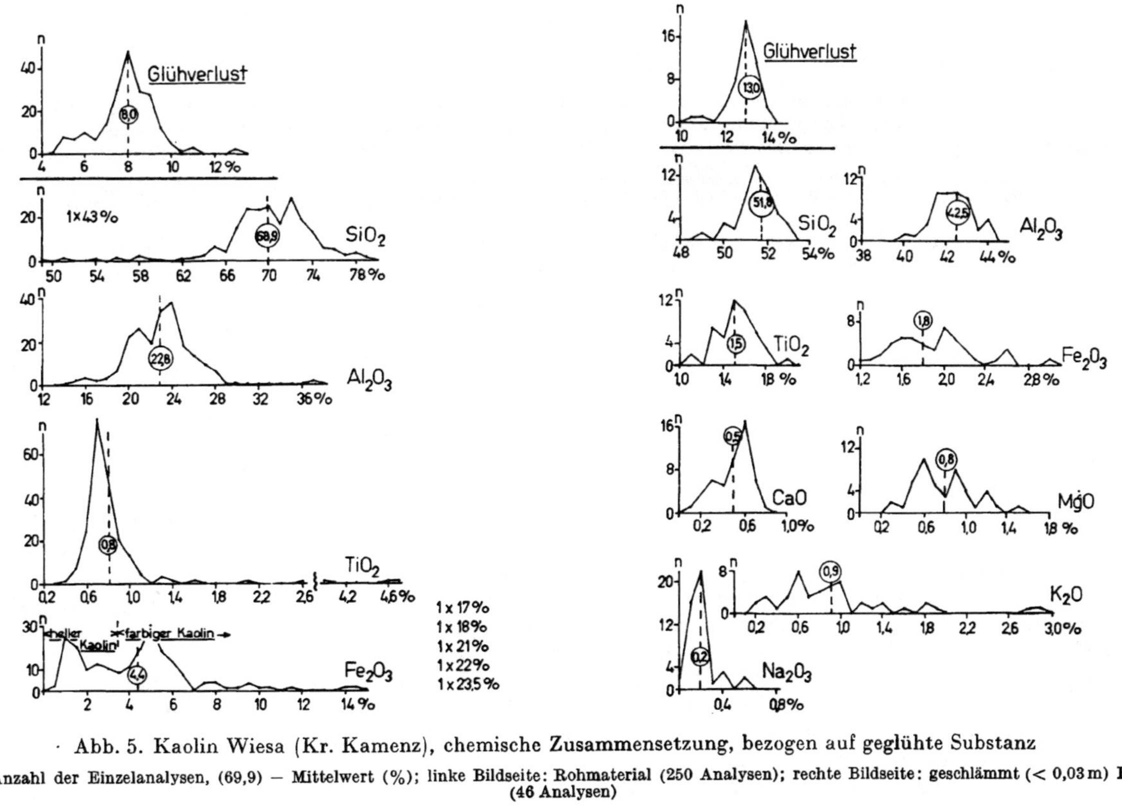

Abb. 5. Kaolin Wiesa (Kr. Kamenz), chemische Zusammensetzung, bezogen auf geglühte Substanz

n – Anzahl der Einzelanalysen, (69,9) – Mittelwert (%); linke Bildseite: Rohmaterial (250 Analysen); rechte Bildseite: geschlämmt (< 0,03 m) Fe-arm (46 Analysen)

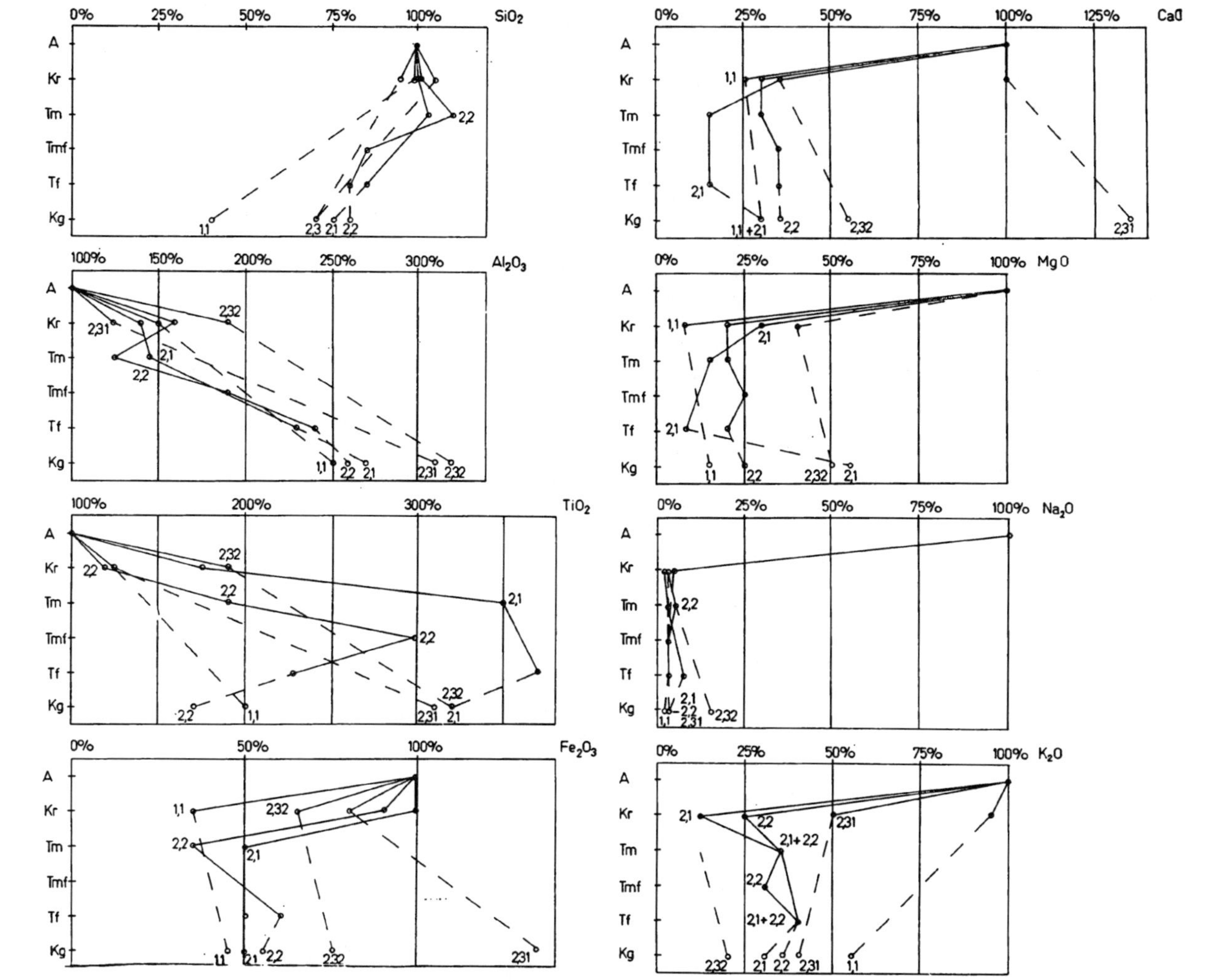

Abb. 6. Mittlere Änderung des Chemismus von granitischen Gesteinen aus NE-Sachsen durch Verwitterung und Klassierung der Verwitterungsprodukte (Kaolinisierung, natürliche Umlagerung sowie künstliche Klassierung)

A — Ausgangsgestein = 100% (bezogen auf geglühte Substanz) Kr — Kaolin, roh; Tm — Tertiärton, mager; Tmf — Tertiärton, mittelfett; Tf — Tertiärton, fett; Kg — Kaolin, geschlämmt

1.1 — Granodiorit Meißen — Kaolin Ockrilla; 2.1 — Granodiorit — Kamenz/Wiesa — Kaolin Typ Wiesa — Ton Wiesa; 2.2 — Granodiorit nördlich Bautzen — Kaolin Typ Merka — Ton Klix — Guttau — Großsaubernitz; 2.3 — Granit Königshain — Kaolin Attendorf (2.3.1), Ober Rengersdorf (2.3.2)

Tonen wurde Illit, in einem Großteil auch etwas Montmorillonit bzw. Mixed-layer-Mineral nachgewiesen (letzteres ist allerdings technologisch nicht entscheidend).

Naturgemäß sind die Tonminerale der Tone kleiner dimensioniert als in den Kaolinen. Besonders klein, d. h. vorwiegend zwischen 0,05—0,5 μm, sind sie in den Lagerstätten von Wetro und Rietschen.

In diesem Zusammenhang sei noch auf akzessorische Beimengungen von Markasit bzw. Siderit in den meisten Lagerstätten, besonders des Lausitzer Raumes, hingewiesen.

Die Kornverteilung der granitischen und Porphyrkaoline ist trotz unterschiedlichen Kornaufbaus der Ausgangsgesteine recht einheitlich (Abb. 7). Man erkennt im Gesamtmittel 15—20% Feinstes, 35% Schluff, 40% Sand und 5—10% Kiesfraktion. Das bei 0,03 mm klassierte Material zeigt im Gesamtmittel ca. 70% Schluff und 30% Feinstes.

Die Palette der Tertiärtone reicht — je nach Klassiereffekt — vom extrem feinkörnigen, fetten Material mit 70—90% Feinstem bis zu sehr stark schluffigen und sandigen Magertonen mit nur 25—45% Feinstem.

Auch das brenntechnische Verhalten der meisten Kaoline ist gleichartig. Sie brennen infolge des groben Quarzes, ihres hohen Al_2O_3-Gehaltes und des relativ geringen Flußmittelanteils meist erst oberhalb 1400 °C dicht. Die Brennschwindung nimmt von 900 °C annähernd linear zu.

Durch erhöhte Flußmittel bzw. niedrigere Al_2O_3-Gehalte hiervon abweichend ist z. B. das Brennverhalten von Syenitzersatz, Schieferzersatz und Pechsteinkaolin.

Analog den granitischen Kaolinen verhalten sich die quarzreichen Magertone, die ebenfalls bei den üblichen Brenntemperaturen nicht dicht brennen, aber infolge ihrer stofflichen Variationsbreite allerdings erheblichen Schwankungen unterliegen.

Die mittelfetten und fetten Tone (Abb. 8) kommen durch ihre Feinkörnigkeit eher zur Klinkerung und Sinterung. Durch den hohen Schmelzpunkt, der bei diesen Tonen fast durchweg oberhalb 1650 °C liegt, resultiert ein breites Sinterintervall.

Hervorzuheben ist, daß die Kaoline und Tertiärtone des Untersuchungsgebietes überwiegend feuerfest sind, Mit PK-Werten von 173—175 stehen die klassierten Granodioritkaoline an erster Stelle. Die Feuerfestigkeit der Fettone liegt allgemein zwischen PK 169 und 175, während die unklassierten Granodioritkaoline PK-Werte von 164—169 aufweisen. Nicht feuerfest sind der Syenitzersatz, ein Großteil des Schieferzersatzes sowie einige Pechsteinkaoline.

Vorschläge zur Nutzung der wichtigsten Rohstoffe

Von den autochthonen Verwitterungslagerstätten des Untersuchungsgebietes haben die Kaoline auf granitischer und porphyrischer Basis die größte volkswirtschaftliche Bedeutung. Sie werden insbesondere in aufbereitetem Zustand verwendet.

Granodioritkaolin mit geringem Fe-Gehalt (Typ Wiesa) bzw. abtrennbaren Fe-Konkretionen (Typ Caminau) eignet sich zur Herstellung feuerfester Kaolin- und Kaolin-Ton-Schamotte sowie als Füllstoff für die Papierindustrie, untergeordnet für die Gummi- und kosmetische Industrie. Die weitverbreiteten, relativ Fe-reichen Varietäten werden gegenwärtig in nur unbedeutendem Maße zur Herstellung von Hausbrandschamotte sowie als Magerungsmittel in der Ziegeleiindustrie genutzt. Auf Grund der außerordentlich günstigen Vorratslage und der Tatsache, daß sich der grobkörnige Quarz leicht abtrennen läßt, sind sie als wichtige Aluminiumrohstoffe anzusehen, die gestatten würden — bei Vergrößerung der Energiekapazität —, die Aluminiumproduktion international maßgebend zu bestimmen.

Der Bedeutung wegen seien hierzu einige Bemerkungen und Daten angeführt:

Die Aluminiumproduktion betrug von 1956 bis 1959 im Weltmaßstab reichlich 5 Mill. t pro Jahr. Davon entfielen 1,5 Mill. t auf die USA und je 0,6 Mill. t auf die Sowjetunion und Kanada.

Als Rohstoffe dienen gegenwärtig in erster Linie Silikat- und Kalkbauxite. Es handelt sich hierbei um Gesteine wechselhafter Zusammensetzung, in denen Hydrargillit ($Al_2O_3 \cdot 3\,H_2O$) bzw. Boehmit oder Diaspor ($Al_2O_3 \cdot H_2O$) vorherrschen. In der Praxis werden

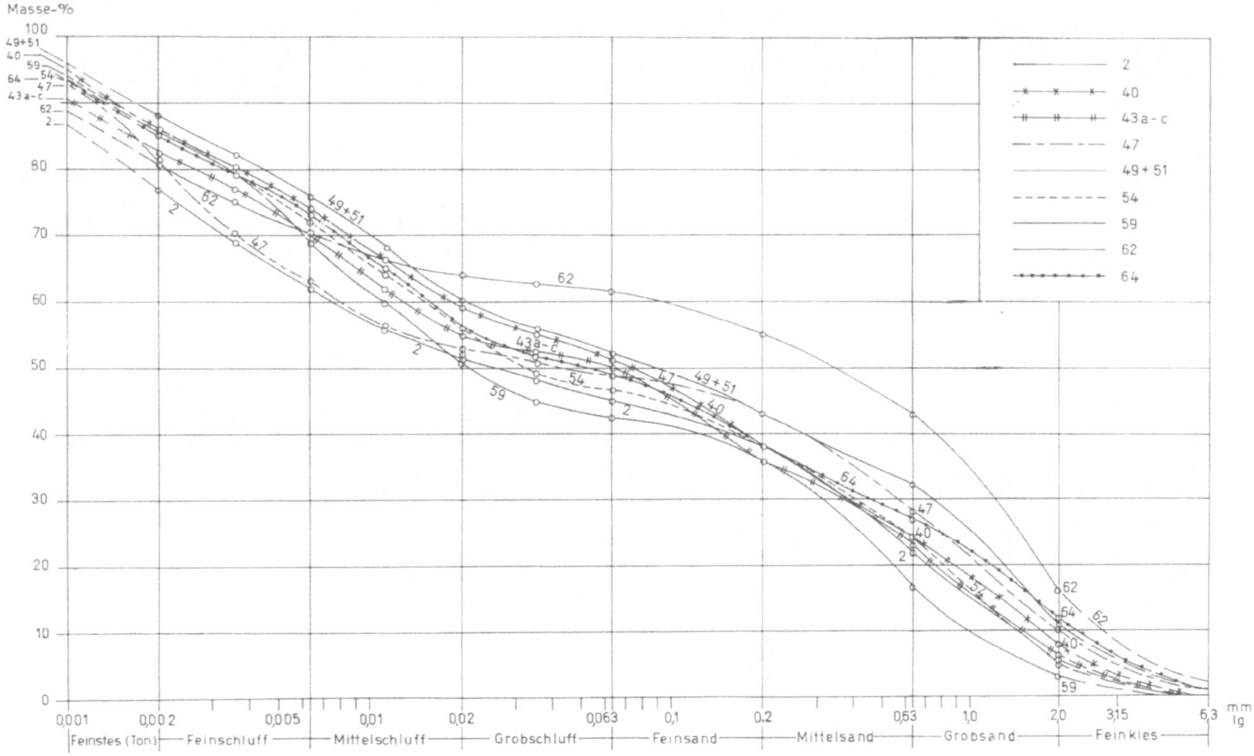

Abb. 7. Rückstandssummenkurven der Kornverteilung, Durchschnittswerte von Granodiorit- und Granitkaoline Rohmaterial- aus NE-Sachsen (nördliche Oberlausitz und Raum Meißen)

Rohstoffe	Raum/Lagerstätte	Analysen- Nr.	Anzahl*)
Granodioritkaolin	Ockrilla (Kr. Meißen)	2	3
,,	Wiesa (Kr. Kamenz)	40	16
,,	Piskowitz (Kr. Kamenz)	43a—c	25
,,	Caminau (Kr. Bautzen)	47	5
,,	Neschwitz u. Camina (Kr. Bautzen)	49+51	18
	Großdubrau (Kr. Bautzen)	54	7

Rohstoff	Raum/Lagerstätte	Analysen- Nr.	Anzahl*)
Granodioritkaolin	Großsaubernitz (Kr. Bautzen)	59	10
Granitkaolin	Attendorf (Kr. Görlitz)	62	3
,,	Ober Rengersdorf (Kr. Niesky)	64	24

*) Zur Mittelwertbildung

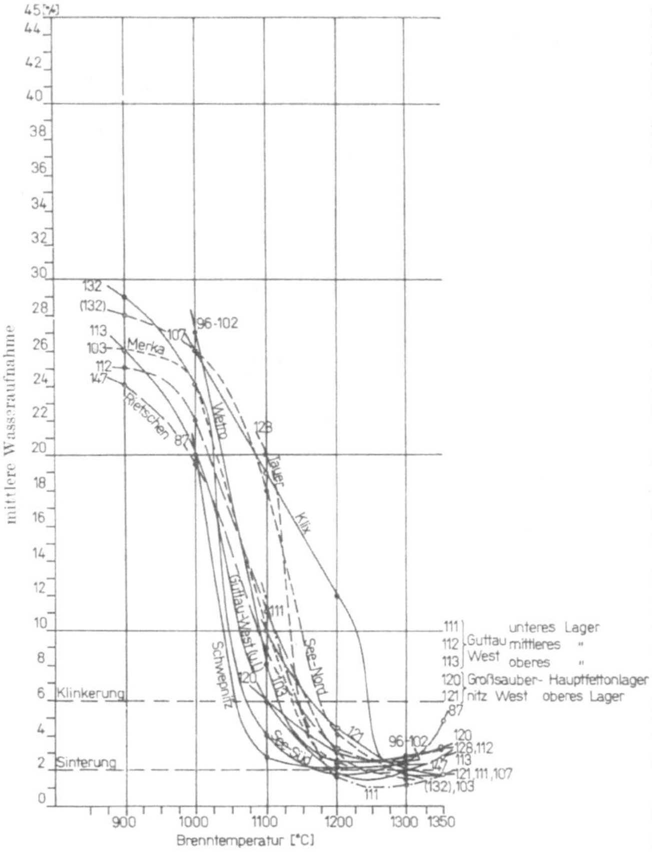

Abb. 8. Tertiärtone, fett, aus der nördlichen Oberlausitz (einschl. südlicher Niederlausitz), mittlere Wasseraufnahme nach dem Brand

Bauxitsorten mit Al_2O_3-Gehalten zwischen 35—65% abgebaut und mit verhältnismäßig geringem Energieaufwand verarbeitet. 4 t Bauxit ergeben im Durchschnitt etwa 2 t Tonerde (Al_2O_3) bzw. 1 t Aluminium.

Bei Verwendung von Rohkaolinen, die auf der Basis von Lausitzer Granodiorit entstanden sind, resultieren etwa folgende Relationen:

Aus 10 t Rohkaolin können durch einfache Klassierung bei einer Kornscheide von 120 μm etwa 6 t Feinkaolin hergestellt werden. Dieser Feinkaolin besitzt eine nahezu konstante Zusammensetzung, die nur um 10% von der Formel des „idealen Kaolinits" ($Al_2O_3 \cdot 2SiO_2 \cdot 2H_2O$) abweicht. Bezogen auf die bei 1000 °C geglühte Substanz enthält er im Mittel demzufolge über 40% Al_2O_3!

Durch ein basisches Aufschlußverfahren, bei dem sich auch Fe-reiche Kaoline ohne Nachteil verarbeiten lassen und als Nebenprodukt hochwertiger Zement anfallen würde, könnten aus 6 t Feinkaolin 2 t Tonerde bzw. daraus 1 t Aluminium erzeugt werden. Fe-reiche Kaoline sind im Untersuchungsgebiet oberflächennah weit verbreitet und leicht in der Größenordnung einiger Millionen Tonnen pro Jahr in Großtagebauen zu gewinnen. Auch die Herstellung des relativ homogenen Feinkaolins, ggf. durch Grobsandwäsche und nachfolgende Schnelltrocknung, erfordert keine hohen Kosten.

Vermutlich liegt der Selbstkostenpreis für den Feinkaolin noch unter den Förderkosten für Bauxit. Der höhere Energie- und damit Gesamtkostenaufwand kommt erst bei der Verarbeitung von Feinkaolin zu Tonerde zustande. Durch den Bau von Atomkraftwerken ist allerdings in naher Zukunft mit einer Lösung dieses Energieproblems zu rechnen.

Fe-armer Granitkaolin ist nur lokal verbreitet (z. B. Typ Attendorf, Ober Rengersdorf) und sollte für Erzeugnisse der technischen Keramik und Feinkeramik sowie zur Herstellung von hochwertigem Steinzeug reserviert bleiben.

Die in stärkerem Maße vorhandenen, jedoch nicht vollständig erkundeten Porphyr- und Pechsteinkaoline des Meißner Raumes sollten auf Grund ihrer günstigen brenntechnischen Eigenschaften insbesondere einer Verwendung in der Feinkeramik und technischen Keramik vorbehalten bleiben.

Das gleiche gilt auch von den in „Restlagerstätten" des Meißner Reviers (besonders bei Löthain) vorkommenden Tertiärtonen. Da hier keine Höffigkeit zum Auffinden nennenswerter Rohstoffmengen analoger Beschaffenheit besteht, ist deren möglichst vollständige Nutzung anzustreben. Das wäre durch eine Umstellung der gegenwärtigen Tiefbaubetriebe, die zwangsläufig mit hohen Abbauverlusten arbeiten, in Tagebaubetriebe möglich. Außerdem könnte sich die Vorratslage durch Lösung des Problems der „Aufbereitung extrem sandreicher Tone" verbessern.

Die relativ Fe-armen, überwiegend mittelfetten bis fetten Lausitzer Tertiärtone sind hauptsächlich Schamottetone. In gleichem Maße eignen sie sich auch als Rohstoff für Steinzeug. Ein Teil der Lausitzer Tone ist, z. T. nach Magerung, auch für andere grobkeramische Zwecke verwendbar.

In Zukunft sollten in der Lausitz verstärkt die mittelgroßen und Großlagerstätten einfacher Bauart komplex genutzt werden, die z. B. bei Klix, Guttau und Großsaubernitz nachgewiesen worden sind. Auf alle Fälle muß verhindert werden, daß seitens der Industrie analoge Rohstoffe, wie man sie im Bereich kompliziert gebauter Lagerstätten mit hohem volkswirtschaftlichem Aufwand gewinnt, im Bereich von Lagerstätten einfacher Bauart aus Gründen der Abbautechnologie bzw. spezifischer Nutzung als Abraum verkippt werden.

In diesem Zusammenhang wartet auch das Problem einer wirtschaftlichen Tonaufbereitung zur Entfernung schädlicher Konkretionen (wie FeS_2 und $FeCO_3$) sowie zur Quarzabtrennung in Mager- und Mischtonen (zwecks Tonmineralanreicherung) auf eine Lösung.

Auch wäre zu überdenken, ob die verschiedenen Kaolin und Ton verarbeitenden Industriezweige ihre Rohstoffgewinnung weiterhin einseitig betreiben sollen oder ob es nicht endlich an der Zeit ist, eine „Zentrale für Kaolin- und Tonrohstoffe" zu schaffen.

Zusammenfassung

Gestützt auf umfangreiche Untersuchungsbefunde werden Ursachen der tiefgründigen, flächenhaften Verwitterung im Arbeitsgebiet zwischen Oberkreide und Untermiozän aufgezeigt. Neben Problemen der Entstehung nutzbarer Kaoline werden die Bildung von Tertiärtonlagerstätten und deren altersmäßige Horizontierung behandelt.

Резюме

Основываясь на многочисленных результатах исследования, указываются причины глубокого площадного выветривания в районе работ между верхним мелом и нижним миоценом. Наряду с проблемами возникновения пригодных каолинов рассматривается образование залежей третичных глин, а также их возрастное расчленение на горизонты.

Summary

On the basis of comprehensive findings of investigation causes for a profound surface weathering are given for the area under discussion between Upper Cretaceous and Lower Miocene. The formation of deposits of Tertiary clay and their horizonting according to age are discussed, besides describing problems connected with the origin of useful kaolins.

Literatur

DIENEMANN, W., & O. BURRE: Die nutzbaren Gesteine Deutschlands und ihre Lagerstätten. – Enke-Verlag, Stuttgart 1928.

GENIESER, K.: Ehemalige Elbeläufe in der Lausitz. – Geologie, 4, 3, 223 bis 279, Akademie-Verlag, Berlin 1955.

MAI, D. H.: Die Florenzonen, der Florenwechsel und die Vorstellungen über den Klimaablauf im Jungtertiär der DDR. – Abh. zentr. geol. Inst., Bd. 10, Berlin 1967.

STÖRR, M.: Mineralogische Untersuchungen am Kaolinit aus dem Granodiorit-Kaolin von Caminau bei Königswartha. – Geologie, 16, 6, 676, Akademie-Verlag, Berlin 1967.

Die Brockengranite (Harz), ihre gesteinstechnischen Eigenschaften und ihre Verwendung im Bauwesen

WALTER STEINER, Weimar

1. Einleitung

Die bedeutende Entwicklung des Bauwesens in der DDR bedingt eine erhebliche Forschungsarbeit auf dem Gebiet der Baustoffkunde. Zu den Baustoffen, die in der Architektur eine entscheidende gestalterische Rolle spielen und über die stoffkundliche Untersuchungen notwendig wurden, gehören auch die Natursteine (Werk- und Dekorationssteine).

Neben dem Sichtbeton, der Baukeramik und dem Bauglas, den Baumetallen und den Kunststoffen hat dieser älteste Baustoff trotz seiner hohen Primärkosten zwar einen festen Platz in der Palette der dekorativen Baustoffe, doch scheint es notwendig, die Architekten und Bauingenieure auf die Vielzahl unserer Natursteine, auf ihre mannigfaltigen Bearbeitungsformen und auf ihre größtenteils außerordentlich hohe Materialgüte und Dauerhaftigkeit hinzuweisen. In diesem Zusammenhang ist die Erarbeitung von Materialkennwerten für die Werk- und Dekorationssteine der DDR von großer Bedeutung. Es soll hier über die Brockengranite, ihre gesteinstechnischen Eigenschaften und ihre Verwendung als Werk- und Dekorationssteine berichtet werden.[1]

2. Die Granite des Brockenmassivs

Das Brockengranitmassiv besteht aus petrographisch wie tektonisch gliederbaren Teileinheiten (ERDMANNSDÖRFFER 1908, FREBOLD 1938). Räumlich und zeitlich sind folgende Komplexe zu unterscheiden:

ältestes Gestein	Harzburger Gabbro,
	Brockengranit mit seinen basischen Randzonen, Okergranit mit seinen basischen Randzonen,
jüngstes Gestein	Ilsensteingranit.

Nur der Brockengranit wird in der DDR als Werkstein abgebaut und ist deshalb hier von Interesse. Er bedeckt eine Fläche von etwa 150 km². An seinem Nord- und Ostrand streichen basischere Gesteine (Diorite) zutage, deren Platznahme bei Beginn des Granitaufstiegs bereits weitgehend abgeschlossen war. Magnetische Messungen haben eine schüsselförmige Lage dieser Diorite wahrscheinlich gemacht. Der Biotitgranit des Brockenmassivs (Kalkalkaligranit, R. SEIM 1963) zerfällt wiederum in einige Gefügevarietäten, die z. T. fließend ineinander übergehen. Das Zentrum mit dem 1142 m hohen Brocken besteht aus dem sogenannten Dachgranit (Kerngranit nach den Spezialkarten), in und über dem sich an einigen Stellen das ehemalige Plutondach erhalten hat (Wurmberg, Großer und Kleiner Winterberg, Erdbeerkopf). Diese Varietät ist durch zahlreiche Xenolithe gekennzeichnet. Um diese im Kartenbild zentrale Brockengranitvarietät gruppiert sich ein mikropegmatitischer Granit, für den eine miarolithische Struktur typisch ist. Diese Granitart scheint den Dachgranit zu unterlagern. Im Kontakt mit der Dioritostrandzone schließlich treten grobkörnige Granite auf.

Der räumliche Aufbau des gesamten Brockengranitplutons mit seiner Hülle (Kontakthof) sowie dem nördlichen Harzvorland ist in einem Blockbild (Abb. 1) dargestellt, das Herr Dr. CHROBOK entworfen und freundlicherweise für diese Publikation zur Verfügung gestellt hat.

Der VEB (B) Harzer Baustoffwerke Wernigerode baut Brockengranite in zwei Steinbrüchen ab; ganzjährig im Steinbruch Knaupsholz (zwischen Drei-Annen-Hohne und Schierke an der Brockenbahn) und vorwiegend im Sommer in einem kleinen Steinbruch am Großen Birkenkopf.

3. Die gesteinstechnischen Eigenschaften der Brockengranite

Die petrographische Charakteristik der Granite von Knaupsholz, vom Großen Birkenkopf und vom Königsberg

In den beiden Steinbrüchen des VEB Baustoffwerke Wernigerode werden zwei deutlich unterscheidbare Granitvarietäten abgebaut.

Der meist mittelkörnige Knaupsholzgranit ist charakterisiert durch eine graurötliche bis rötliche Farbe. Er tritt im Übergangsbereich mikropegmatitischer Granit zu grobkörnigem Granit auf. Die rötlichweißen bis rötlichen Orthoklase dieses Gesteins sind meist 3 bis 6 mm lang und 1 bis 4 mm breit. Porphyrische Großkristalle werden bis 15 mm lang. Graue

Eingang des Manuskripts in der Redaktion: 27. 1. 1969.

[1]) Dem VEB Elbenaturstein Dresden (besonders den Kollegen Ing. KÄSSKE und GÖNNERT) sowie dem VEB (B) Harzer Baustoffwerke Wernigerode (Direktor GRUNEWALD) sei für ihre Unterstützung gedankt. Die Kollegen Dr. S. M. CHROBOK (Berlin) und Dr. LENTSCHIG (Großräschen) haben in dankenswerter Weise eigene Untersuchungsergebnisse für diese Registratur zur Verfügung gestellt. An der Hochschule für Architektur und Bauwesen, Weimar, wurde unter der Leitung von Prof. Dr. habil. W. HOPPE 1958/59 eine Diplomarbeit zu diesem Thema angefertigt (W. BABINECZ 1959).

Plagioklase erreichen Längen bis 2 mm. Die rundlichen Quarze haben Durchmesser von 0,5 bis 3 mm, max. 7 mm. Die schwarzen Biotite haben Größen von 0,5 bis 2 mm Durchmesser. Folgende Verteilung der Hauptgemengteile wurden festgestellt:

R. SEIM (1963)	
Orthoklas	46%
Quarz	34%
Plagioklas	15%
Biotit	5%

W. BABINECZ (1959)	
Orthoklas	57%
Quarz	27%
Plagioklas	11%
Biotit	3%
Rest (Magnetit etc.)	2%

Der Birkenkopfgranit ist vom Knaupsholzgranit durch seine klare hellgraue Farbe zu unterscheiden. Er gehört nach den geologischen Spezialkarten zur Varietät der mikropegmatitischen Granite. Die Größe der Hauptminerale entspricht etwa den Angaben über den Knaupsholzgranit. Folgender Modalbestand der Birkenkopfgranite wurde ermittelt:

VEB Steinbr. Großer Birkenkopf W. BABINECZ (1959)	
Orthoklas	50%
Quarz	35%
Plagioklas	12%
Biotit	3%

Kleiner Birkenkopf R. SEIM (1963)	
Orthoklas	45%
Quarz	30%
Plagioklas	19%
Biotit	6%

Im Steinbruch ist eine weitgehend schlieren- und xenolithfreie bis -arme Zone der Birkenkopfgranite aufgeschlossen.

Der Granit des Königsbergs gehört zur Varietät des Dachgranits. In einem seit Jahrzehnten auflässigen Steinbruch an der Brockenbahn ist er aufgeschlossen. Er ist charakterisiert durch eine hell- bis intensiv rote Farbe und daher von der ästhetischen Seite her für die weitere Entwicklung der Harzer Granitindustrie von Bedeutung. Er wird deshalb in diese Betrachtungen einbezogen.

Hauptminerale sind fleischrote Orthoklase von 2 bis 5 mm Durchmesser (max. bis 15 mm); die Quarze haben Durchmesser von 1 bis 3 mm. Folgender Modalbestand wurde von R. SEIM (1963) ermittelt:

Quarz	33%,
Orthoklas	42%,
Plagioklas	20%,
Biotit	5%.

Spaltbarkeit und Klüftung

Die Möglichkeit zur Gewinnung von Werkstein aus Brockengranit ist durch eine weitständige Klüftung sowie zwei im Gestein fixierte Flächenscharen guter bis sehr guter Teilbarkeit gegeben. Von den Brucharbeitern wird die Flächenschar der besten Teilbarkeit als „Spalt", die Fläche zweitbester Spaltbarkeit als „Stutz" bezeichnet. Beide Spaltscharen stehen im Sinn der CLOOSschen Granittektonik (CLOOS 1921, 1922) annähernd senkrecht aufeinander.

In den Brüchen Knaupsholz und Birkenkopf ist der steilstehende „Spalt" etwa W—E (~90°) orientiert, so daß die Granite unter N—S gerichtetem Druck erstarrt sein müßten. Der Stutz streicht N—S (~0°).

In einer dritten Ebene muß der Granit gespalten werden, um annähernd kubische Blöcke gewinnen zu können. Diese Fläche, die zu den beiden erstgenannten

Tabelle. Gesteinstechnische Kennwerte der Brockengranite

Herkunft der untersuchten Granite		Knaupsholzgranit VEB Steinbr. Knaupsholz		Birkenkopfgranit VEB Steinbruch Gr. Birkenkopf		Königsberggranit (auflässiger Steinbruch a. d. Brockenbahn)	
Richtung bester Spaltbarkeit = Spalt		um 90–100°/steil häufig		um 95°/steil häufig			
Richtung zweitbester Spaltbarkeit = Stutz		um 175–0°/steil häufig		um 175°/steil häufig			
		Mittelwert	Streuung	Mittelwert	Streuung	Mittelwert	Streuung
Reindichte g/cm³		2,68		2,67		2,64	
Rohdichte g/cm³		2,60	2,59–2,61	um 2,64	2,59–2,75	2,60	
wahre Porosität Vol.-%		3,2	3,0 –3,4 *)	1,9	1,5–1,9 *)	1,2	
scheinbare Porosität Vol.-%		1,21	1,03–1,50	0,49	0,39–0,68	1,16	1,04–1,33
H_2O-Aufnahme Masse-% (Luftdruck) nach 24 Stunden		0,52	0,44–0,58*)	0,22	0,16–0,26*)		
nach 48 Stunden		0,57	0,53–0,63	0,28	0,24–0,31		
nach 72 Stunden		0,61	0,57–0,65	0,33	0,30–0,38		
Wasseraufnahme an geschnittenen Prüfwürfeln 4 × 4 × 4 cm (Luftdruck) 24 Stunden		0,22	0,172–0,291	0,048	0,029–0,156		
Würfeldruckfestigkeit (4 × 4 × 4 cm) kp/cm²	ältere Untersuchungen	2200	2020–2590	2193	1847–2512		
	Untersuchung 1968	1463	1081–1906	1760	1380–2418	1657	1375–2025
Biegezugfestigkeit (4 × 4 × 16 cm) kp/cm²	ältere Untersuchungen			160	143–168		
	Untersuchung 1968	150	124–176	243	226–278	202	173–239

*) Untersuchungen Dr. LENTSCHIG, Institut f. Grobkeramik und Natursteine, Großräschen

Zeitschrift für angewandte Geologie, Bd. 15 (1969), Heft 6

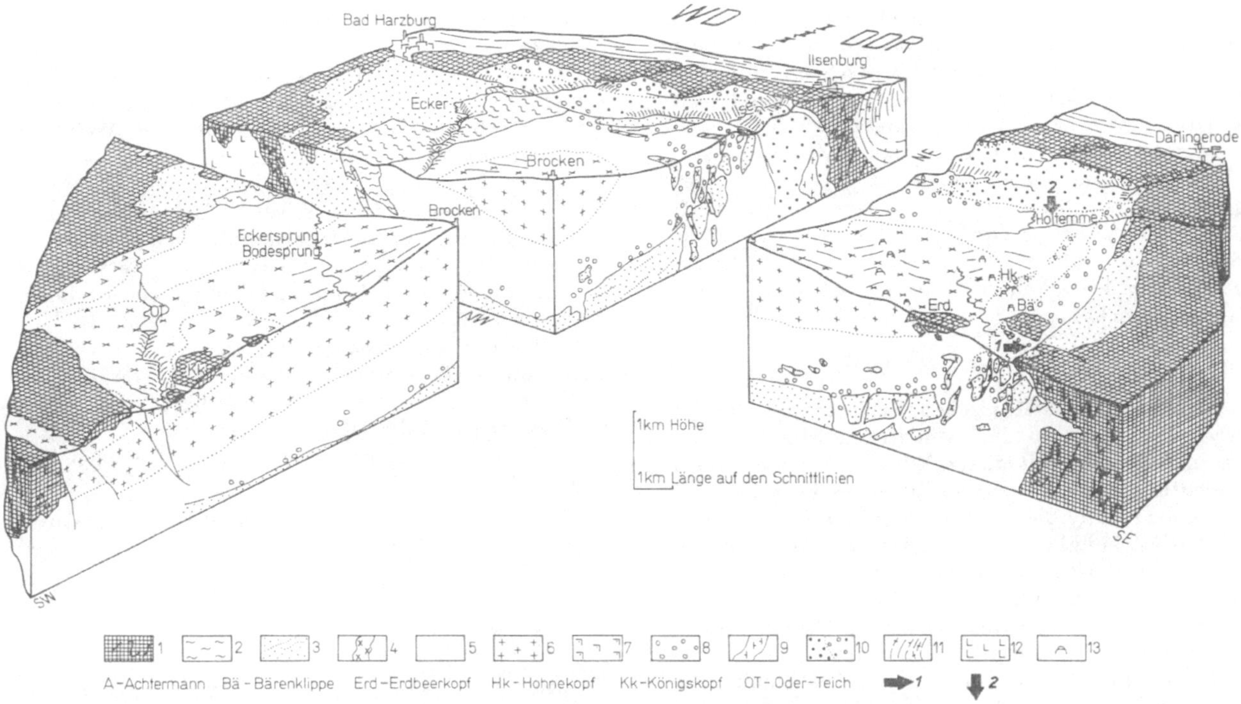

Abb. 1. Der geologische Bau des Brockengranitmassivs im Blockbild (nach einem Entwurf von S. M. Chrobok 1968)

1 — Kontaktgesteine inkl. Schollen; 2 — Eckergneis; 3 — plutonische Basite; 4 — Augit und Hornblende führende Hybridgranite; 5 — mikropegmatitische Granite; 6 — Dachgranit; 7 — porphyrischer Dachgranit; 8 — grobkörnige und drusige Granite; 9 — stockförmige Aplitgranite; 10 — Ilsesteingranit, z. T. drusig; 11 — nördliches Harzvorland, Zechstein und jünger; 12 — Okergranit; 13 — Granitklippen waagerechter Pfeil = Steinbruch Knaupsholz, senkrechter Pfeil = VEB Steinbruch Großer Birkenkopf

senkrecht steht, besitzt nur geringe Spaltbarkeitsneigung und wird deshalb „Unspalt" genannt.

Zu diesen für das Auge kaum beobachtbaren Teilbarkeiten tritt die Klüftung (sorgfältig vermessen von F. Lotze 1933; G. Frebold 1938; S. M. Chrobok 1957, 1958 und 1965 sowie W. Babinecz 1959), die immer dann auf einen Werksteinabbau großen Einfluß hat, wenn ihre Engscharigkeit die Gewinnung größerer Blöcke von vornherein ausschließt. In den meisten Fällen behindert die Klüftung den Abbau im Brockengranit nicht. Im Gegenteil, der Umstand, daß den Flächen bester Teilbarkeit (Spalt) die S-Klüfte (also $\sim 90°$) und den Flächen zweitbester Teilbarkeit (Stutz) die Q-Klüfte ($\sim 0°$) parallel laufen, ist durchaus eine Hilfe beim Abbau. Der Unspalt ist mit der Bankung der Granite nicht identisch. Die Bankung — in enger Abhängigkeit von der Oberflächenmorphologie — liegt in den Steinbrüchen am Brockenrand stets geneigt, schneidet also den horizontal liegenden Unspalt diagonal. Weitere diagonale Klüfte sowie vielerlei Unregelmäßigkeiten komplizieren die Klüftungs- und Teilbarkeitsverhältnisse z. T. erheblich.

Gesteinstechnische Untersuchungen

Seit Jahrzehnten werden gesteinstechnische Eigenschaften von Brockengraniten ermittelt. Für eine Gesamteinschätzung wurden alle zugänglichen Werte zusammengetragen und ergänzt bzw. erweitert durch die freundlicherweise von Herrn Dr. Lentschig zur Verfügung gestellten neuen Prüfwerte und durch eigene Untersuchungen. Die Tabelle gibt eine Übersicht über die gesteinstechnischen Eigenschaften der Brockengranite von den Lokalitäten Knaupsholz, Großer Birkenkopf und Königsberg. Die Prüfmethoden entsprechen bis auf geringe Unterschiede denen der heute gültigen TGL 11363. Den einzelnen Eigenschaftsgruppen liegen unterschiedlich viel Untersuchungsergebnisse zugrunde, so daß diese untereinander in ihrer Aussage nicht gleichwertig sind.

Alle drei Granitvarietäten sind als Werk- und Dekorationsstein auf Grund der vorliegenden Prüfergebnisse voll verwendungsfähig. Die Granite haben hinreichende Druck- und Biegezugfestigkeiten. Die niedrigen Werte der Wasseraufnahmefähigkeiten weisen auf Frostbeständigkeit. Der Frostversuch (Frost-Tau-Wechsel) beweist das. Es traten durchweg Masseverluste unter 0,002% auf. Sichtbare Frostschäden konnten nicht beobachtet werden. Die Granite sind schneid-, schleif- und polierfähig. Die Prüfungen auf Rostsicherheit (Wasserlagerung, langfristige Freilagerung) und auf Säurebeständigkeit (H_2SO_4) verliefen positiv.

Diese Globaleinschätzung der Brockengranite kann differenziert werden, wenn man die einzelnen Granitvarietäten gesondert betrachtet und miteinander vergleicht. Der Birkenkopfgranit ist das festeste Gestein. Würfeldruck- und besonders Biegezugfestigkeit liegen bedeutend höher als beim Königsberg- oder gar beim Knaupsholzgranit. Dies wird auch deutlich beim Verarbeitungsprozeß im Sägefortschritt. Die Schnittleistungen liegen beim Birkenkopfgranit bedeutend unter dem durchschnittlichen Sägefortschritt des Knaupsholzgranits (bei Einblattsäge 5 bis 6 cm pro Stunde, im Gatter etwa 1,0 bis 1,5 cm bei Stahlsand-Wasser-Gemisch).

Analog dieser größeren Festigkeit besitzt der Birkenkopfgranit auch die geringere Wasseraufnahmefähigkeit bzw. Porosität. Die Kornbindung scheint also beim Birkenkopf größer und intensiver zu sein als bei den anderen beiden untersuchten Varietäten.

Es muß jedoch bemerkt werden, daß selbst die im Verhältnis zum Birkenkopfgranit z. T. „niedrigen" gesteinstechnischen Werte der Knaupsholzgranite für eine Verwendung als Werk- und Dekorationsstein ausreichen. Im Gegenteil, die größere Schneidfähigkeit bei genügender Festigkeit muß als eine ökonomisch günstige Eigenschaft gewertet werden.

Die ästhetische Wertigkeit

Zu den gesteinstechnischen Eigenschaften im weiteren Sinne müssen die ästhetischen Einschätzungen gerechnet werden, da diesen heute eine immer größere Bedeutung zukommt. Hierzu zählen die Polierfähigkeit, die Eigenschaft, die Politur im Außenbau zu halten, die Farbwirkung, die Beständigkeit der Farbe und weitere Eigenschaften hinsichtlich der mannigfaltig möglichen Barbeitungsweisen.

Die Brockengranite sind polierfähig. Bemerkenswerte Politurverluste sind nicht bekannt geworden. Eine liegende Grabplatte aus rotem Königsberggranit besaß noch nach jahrzehntelanger Freilagerung (Ilsenburg oder Wernigerode) spiegelnde Politur.

Von der Farbwirkung her sollte heute — im Zeitalter des grauen Betons — besonders der rote Königsberggranit stärker beachtet werden. Der blaßrötliche Knaupsholz- und der stahlgraue Birkenkopfgranit sind von der Farbe her weniger geeignet, besonders hervorzutreten. Jedoch im Kontrast zu dunklen Gesteinen (Lausitzer Lamprophyr, Theumaer Fruchtschiefer u. ä.) entstehen bemerkenswert moderne Effekte. In der Innenarchitektur können durch alle Brockengranite beachtenswerte Wirkungen erzielt werden. Daß auch im Außenbau der graue bis rötlichgraue Brockengranit eine stoffbezogene Wirkung ausstrahlt, zeigen Straßenzüge und besonders Einzelbauwerke in Schierke und Wernigerode. An den Auffahrtsbauwerken der neuen Magdeburger Elbbrücke ist die schlichte massive Wirkung der grauen Brockengranite zu sehen. Es wird auch in Zukunft stark darauf ankommen, durch verschiedene Bearbeitungsarten die verborgene Vielfalt ästhetischer Effekte der Granite zu offenbaren.

4. Die Brockengranite als Baustein

Der Abbau des Brockengranits als Werkstein

Der Abbau der Brockengranite als Werkstein begann erst in verhältnismäßig junger Zeit. Die schlechte verkehrstechnische Erschließung, die dünne Besiedlung sowie das Vorhandensein günstiger gelegener Natursteine am Harzrand (Grauwacke) und im Harzvorland (Kreidesandsteine, Muschelkalk, Rogenstein) waren die Ursache hierfür. Erst als Granite als Pflastersteine begehrt wurden, begann auch im Harz ein reger Abbau. Nach 1860 ließen sich in den Klippen und Blockfeldern um den Otto-Felsen, an den Birkenköpfen und an den Wolfsklippen zahlreiche Steinbruchbetriebe nieder. Um die Jahrhundertwende bestanden im Brockenmassiv etwa 15 Steinbrüche mit ca. 400 bis 500 Beschäftigten (H. REICHARDT 1931).

Nach dem ersten Weltkrieg und während der Weltwirtschaftskrise gab es nur noch 50 Beschäftigte. Nach einem Aufblühen kurz vor dem zweiten Weltkrieg folgte bis Ende 1945 ein totaler Zusammenbruch der Industrie. Nach 1945 führten die verstärkten Aufbauarbeiten zu einer schnellen Wiederaufnahme der Harzer Granitindustrie. 1958 bestanden schließlich acht Brüche mit etwa 100 Beschäftigten. Die jüngste Entwicklung ist durch eine starke Konzentration des Granitabbaus in wenigen Steinbrüchen gekennzeichnet (Abb. 2).

Die Granitverarbeitung erfolgt in größerem Umfang allein im VEB Harzer Baustoffwerke Wernigerode. Großbetriebe wie in der Lausitz oder bei Meißen gibt es im Brockengebiet der DDR bis jetzt nicht.

Im Veredlungsbetrieb in Wernigerode werden hergestellt:

Platten (Pfeiler- und Wandverblender, Abdeckplatten in verschiedenen Größen);
Fenster-, Tür- und Heizkörperumrandungen;
Gebäudesockelverblender (Plinthenmauerwerk, meist 25 bis 30 cm hoch und 12 bis 20 cm stark);
Spritzwassersockel;
Fußbodenbeläge (in allen Größen, Standardmaße 0,50 × 0,50 m, Stärke 4 bis 6 cm);
Block-, Keil-, Tritt- und Setzstufen, Wangen und Podeste (Stufenlänge in der Regel bis 2,50 m, bei Sonderbestellung bis 3,50 m);
Pfeiler, Pilaster, Gesimse und Bekrönungsteile;
Kilometer- und Leitsteine;
Kollergangsteine, Säurerinnen;
Denkmalsanlagen und Grabsteine.

Abb. 2. Granitsteinbruch Knaupsholz des VEB Harzer Baustoffwerke Wernigerode

Die Pflasterherstellung (mit Hand) beträgt nur noch 500 t/Jahr.

Der Brockengranit am Bauwerk

Im nachfolgenden sollen einige wesentliche Beispiele von Bauwerken aufgeführt werden, an denen Brockengranite verbaut wurden.

Verkehrsbau: Pflastersteine auf zahlreichen Straßen im Harzvorland, Niedersachsen und in Norddeutschland;

Brückenbauten: Auflagerteile und Druckverteilungssegmente an der Nordbrücke zu Magdeburg, an Brücken in Hamburg-Altona und an der S-Bahn in Berlin;

Wasserbau: Schleusenbauten im Nord-Ostsee-Kanal und Mittellandkanal, Uferbefestigung am Rhein etc.;

Gesellschaftsbau: Akademie der Künste zu Kassel, Bauten in Hannover, Braunschweig, Halberstadt, Wernigerode etc.;

Bauwerke in der DDR: Karl-Marx-Stadt, Wolkenstein (Erzgebirge), Nationale Mahn- und Gedenkstätte Buchenwald, Ehrenmale in Ravensbrück und Sachsenhausen; Rostock, Leipzig (z. B. Großes Opernhaus), Berlin z. B. Staatsratsgebäude) Magdeburg, Schönebeck und Dessau, Rückhaltebecken von Berga—Kelbra und Straußfurt—Gebesee und viele andere mehr. Eine genaue Beschreibung der Einzelbeispiele findet sich bei STEINER 1968, S. 570—577.

5. Perspektive der Granitindustrie am Brocken

In vielen Städten der DDR wird mit der endgültigen Gestaltung der neuen Stadtzentren begonnen. Hierbei werden auf vielen Sektoren des Bauwesens wie auch in der Landschaftsgestaltung und Gartenarchitektur Brockengranite Verwendung finden. Beispielsweise sollte in Magdeburg bei der komplexen Elbufergestaltung Naturstein in starkem Maße zur Anwendung kommen. Weiteren Absatz versprechen umfangreiche Bauvorhaben im Verkehrsbau (z. B. Autobahn Halle—Magdeburg) und im Wasserbau.

Eine Verdoppelung der Rohsteingewinnung wäre in den nächsten Jahren in den z. Z. bestehenden Brüchen des VEB Harzer Baustoffwerke Wernigerode auf Grund der vorhandenen technischen Ausrüstung möglich. Die Harzer Granitindustrie muß dabei der neuen technischen Entwicklung folgen (Brennstrahl-Schneidverfahren, Schrämmethode mit Laserstrahlen). Bei der Errichtung größerer Abbaubetriebe sind die randlichen Bereiche des Granitplutons zu verlassen. Die Dachgranite erscheinen vom Gestein her günstiger, jedoch kompliziert die größere Höhenlage den Abbau dann erheblich. Mit einer Verarbeitung des bisher auf Halde gekippten Granitschutts zu geschliffenem und poliertem Granitkunststein könnte sich die Rentabilität der Harzer Granitindustrie bedeutend erhöhen.

Zusammenfassung

Nach einer kurzen Übersicht über den geologischen Bau des Brockenmassivs werden von drei Varietäten des Brockengranits (Knaupsholzgranit, Birkenkopfgranit, Königsberggranit) petrographische und gesteinstechnische Charakteristiken gegeben. Alle drei Gesteine sind als Werk- und Dekorationssteine zu empfehlen.

Резюме

После краткого обзора о геологическом строении Броккенского массива даются петрографические и технические характеристики о трех разновидностях гранитов Броккен на (Кнаупсгольц-гранит, Биркенкопф-гранит, Кенигсберг-гранит). Все три породы можно рекомендовать как штучные и декоративные камни.

Summary

A brief review of the geological structure of the Brocken massif precedes the description of petrographical and technical characteristics for three varieties of the Brocken granite (Knaupsholz, Birkenkopf and Königsberg granite), all of which are recommended as ashlars (free- and decoration stones).

Literatur

Anonymus: Granit. — Werbeprospekt VEB (K) Oberharzer Steinwerke Wernigerode, Wernigerode 1958.

Autorenkollektiv: Naturstein. Werbeprospekt. — Herausg. VVB Zuschlagstoffe u. Natursteine Dresden u. VEB Elbenaturstein Dresden 1966/1967 und 1969.

BABINECZ, W.: Die Granite des Brockenmassivs. Geologische und gesteinstechnische Untersuchung, technologische Aufnahme der Brüche, Bd. I u. Bd. II. — Dipl.-Arb. Hochsch. Architektur u. Bauwesen, Weimar, Fak. Baustoffingenieurwesen, Weimar 1959.

BENEK, R., & S. M. CHROBOK: Bau und Bild der Granite des Harzes. — Ber. geol. Ges. DDR, **10**, 3, 279—283, Berlin 1965.

BRANDL, W.: Erdmagnetische Untersuchungen im Brockenmassiv. — Abh. preuß. geol. Landesanst., N. F., **188**, Berlin 1939.

BURRE, O.: Die wichtigsten an Berliner Bauten in der Außenarchitektur verwandten natürlichen Gesteine nach Art und Herkunft. — Jb. preuß. geol. Landesanst., 47, 1, 116—159, (BEYSCHLAG-Bd.), Berlin 1926.

CHROBOK, S. M.: Tektonische Untersuchungen im nordöstlichen und östlichen Teil des Brockenmassivs. — Geologie, **6**, 317 (Autorref. Dipl.-Arb.), Berlin 1957.

— Tektonische Untersuchungen am Nord- und Ostrand des Brockenmassivs. — Ber. geol. Ges. DDR, **3**, 4, 250—256, Berlin 1958.

— Untersuchungen zur Geologie des Brockenmassivs (Harz). — Geologie, Beih. 48, Berlin 1965.

CLOOS, H.: Der Mechanismus tiefvulkanischer Vorgänge. Sammlung Vieweg, H. 57. — Verl. Fr. Vieweg & Sohn, Braunschweig 1921.

— Über Ausbau und Anwendung der granit-tektonischen Methode. In: Tektonik und Magma. Untersuchungen zur Geologie der Tiefe, Bd. 1. — Abh. preuß. geol. Landesanst., N. F., 89, 1—18, Berlin 1922.

— Einführung in die Geologie. Ein Lehrbuch der Inneren Dynamik. (Subvulkane und Plutone, S. 60—101). — Verl. Borntraeger, Berlin 1936.

DENGLER, H.: Der Okergranit im Harz. — Geol. Jb., **72**, 85—116, Hannover 1957.

DIENEMANN, W., & O. BURRE: Die nutzbaren Gesteine Deutschlands und ihre Lagerstätten, Bd. II: Feste Gesteine. Bearbeitet von W. AHRENS, O. BURRE, W. DIENEMANN & F. MICHELS. — Enke Verl., Stuttgart 1929.

ERDMANNSDÖRFFER, O. H.: Über Bau und Bildungsweise des Brockenmassivs. — Jb. kön. preuß. geol. Landesanst. für 1905, **26**, 379—405, Berlin 1908.

— Granit und Gabbro im Harz. — Steinbruch u. Sandgrube, **12**, 17, 521 bis 523; 18, 553—555; 19, 585—586, 20, 617—619, Halle (S.) 1913.

— Erläuterungen zu den geologischen Karten von Preußen, Lfg. 240, Bl. Elbingerode u. Bl. Wernigerode. — Berlin 1926 [1926 a u. b].

ERDMANNSDÖRFFER, O. H., & A. BODE: Erläuterungen zur geologischen Karte, Bl. St. Andreasberg. — Berlin 1927.

ERDMANNSDÖRFFER, O. H., & H. SCHRÖDER: Erläuterungen zur geologischen Karte, Bl. Harzburg, 3. Aufl. — Berlin 1927.

FREBOLD, G.: Die Oberflächengestaltung des Brockengebietes. — Jb. geogr. Ges. Hannover, 1932/33, 89—119, Hannover 1933.

— Das Brockenmassiv. Ein Deutungsversuch seiner inneren Struktur und seiner Raumgewinnung. — Jb. hall. Verb., N. F., **16**, 25—76, Halle (S.) 1938.

HIRSCHWALD, J.: Handbuch der bautechnischen Gesteinsprüfung. — Verl. Borntraeger, Berlin 1912.

HOPPE, W.: Bauwerk und Baustein. — Wiss. Z. Hochsch. Architektur u. Bauwesen, Weimar, **10**, 5, 585—592, Weimar 1963 [1963a].

— Die Natursteinvorkommen der Deutschen Demokratischen Republik unter besonderer Berücksichtigung der heutigen Anforderungen an die Lagerstätten und die Steinbruchprodukte. — Z. angew. Geol., **9**, 393 bis 400, Berlin 1963 [1963b].

KIESLINGER, A.: Zur Spaltbarkeit von Granit. — Montan-Rundsch., 5, 237—243, Wien 1957.

— Restspannung und Entspannung im Gestein. — Geol. u. Bauwesen, 24, 95—112, Wien 1958.

— Gesteinsspannungen und ihre technischen Auswirkungen. — Z. dt. geol. Ges., 112, 164—170, Hannover 1960.

LOTZE, F.: Das tektonische Bild des Brockenmassivs. — Cbl. Min. etc., Abt. B, Nr. 12 (1933).

MEINECKE, F.: Granitverwitterung, Entstehung und Alter der Granitklippen. — Z. dt. geol. Ges., **109**, 483—498, Hannover 1957.

MICHALK, H.: Elbufergestaltung Magdeburg. Auswertung der Ergebnisse des Wettbewerbs. — Dt. Architektur, 27, 1, 22—28, Berlin 1968.

MÖBUS, G.: Abriß der Geologie des Harzes (Brockengranit, S. 86—99). — Verl. B. G. TEUBNER, Leipzig 1966.

REICHARDT, H.: Aus der Entwicklung der Granitsteinindustrie im Wernigeroder Harz. — Verl. Börschen & Sohn, Wernigerode 1931.

SCHRIEL, W.: Die Geologie des Harzes. — Schrift. wirtschaftswiss. Ges. z. Studium Niedersachsens, N. F., 49, Hannover 1954.

SEIM, R.: Tektonische Analyse in einem Granitsteinbruch (Knaupsholz/Harz). Eine Untersuchung für den VEB Oberharzer Steinwerke (Wernigerode). — Bergakademie, **6**, 5, 194—198, Berlin 1954.

— Bericht über die Exkursion Holtemmetal — Steinerne Renne — Birkenkopf — Drei-Annen-Hohne. — Ber. geol. Ges. DDR, **3**, 4, 291—293, Berlin 1958 [1958a].

Zeitschrift für angewandte Geologie, Bd. 15 (1969), Heft 6

SEIM, R.: Drusenminerale im Brockengranit. – Der Aufschluß, 9, 1, 1–3, Roßdorf b. Darmstadt 1958 [1958b].
– Über kontaktmetasomatische Prozesse im Rahmen des Brockenmassivs (Harz). – Fortschr. Miner., 37, 63–66, Stuttgart 1959.
– Petrologische Untersuchungen an kontaktmetasomatischen Gesteinen vom Ostrande des Brockenmassivs (Harz). – Geologie, Beih. 37, Berlin 1963.
SICKENBERG, O.: Steine und Erden. Bd. 5, Abt. 1: Geologie und Lagerstätten Niedersachsens. – Schr. wirtschaftswiss. Ges. z. Studium Niedersachsens, Bremen-Horn 1951.
STEINER, W.: Die Harzer Granite (Brockengranite) und ihre Verwendung als Werk- und Dekorationssteine. – Wiss. Z. Hochsch. Architektur u. Bauwesen, 15, 5 (WEIDHAAS-Festschrift), 551–576, Weimar 1968.

Zur petrographischen Beurteilung von Kieselsäuregesteinen bezüglich ihrer Verwendbarkeit in der Silikaindustrie

ROLF HAAGE, Halle (Saale)

Silikasteine sind feuerfeste Erzeugnisse mit einem SiO_2-Gehalt $>$ 90% (gemäß TGL 4322), die ihre spezifische Verwendung beim Bau von Siemens-Martin-Öfen, Koksöfen, Gewölben von Elektroöfen oder Glasschmelzwannen finden.
Die Grundforderungen, die an feuerfeste Steine und damit auch an die Silikasteine gestellt werden, sind hohe Erweichungstemperaturen sowie Beständigkeit gegenüber chemischer Korrosion, mechanischer Beanspruchung und Temperaturwechseln. Diese Forderungen, die in Lieferbedingungen, Gütevorschriften usw. erfaßt sind, machen eine besondere Auswahl des Rohstoffs notwendig.
Für feuerfeste Steine auf der Kieselsäurebasis fanden im vorigen Jahrhundert klastische Kieselsäuregesteine (Ganister und Dinas in England, karbonischer Kohlensandstein in Deutschland) als Rohstoff Verwendung. Erst um die Jahrhundertwende wurde in Deutschland ausschließlich zementführender Tertiärquarzit verwendet, der sich als ausgesprochen günstiger Rohstoff erwies. Die Tertiärquarzitvorräte im Gebiet der DDR sind so weit reduziert worden, daß ein Suchen nach Austauschrohstoffen erforderlich wird.
Grundsätzlich kann jedes Kieselsäuregestein bei entsprechender Aufbereitung in der Silikaindustrie als Rohstoff verwendet werden. Es kommt aber darauf an, optimale Produktionsbedingungen, d. h. niedrige Produktionskosten bei hoher Qualität, herauszufinden. Der Austauschrohstoff soll ein möglichst ähnliches, günstiges Brennverhalten zeigen, um adäquate Silikasteinqualitäten zu garantieren. Es kommt darauf an, die den Brennprozeß und die Qualität des Silikasteins beeinflussenden Faktoren beim zementführenden Tertiärquarzit aufzuzeigen, um Vergleichsmöglichkeiten zu gewinnen.

Bei der Beurteilung der erwähnten Eigenschaften des Tertiärquarzits sollen die petrographischen Untersuchungsmöglichkeiten besonders herausgestellt werden. Z. Z. existieren nur verstreute Angaben über den Einsatz der Polarisationsmikroskopie bei der Beurteilung seiner Verwendbarkeit. Die vorliegende Arbeit soll helfen, diese Lücke zu schließen. Sie soll Hinweise dafür geben, daß diese mit nur geringem Kostenaufwand verbundene Methode durchaus aussagekräftige Ergebnisse über die Qualitätsbeurteilung der Silikarohstoffe liefern kann.

Die Kieselsäuregehalte der Silikarohstoffe müssen extrem hoch liegen. Für einen Tertiärquarzit 2. Sorte wird noch ein SiO_2-Gehalt von 96% gefordert. Die Verwendbarkeit eines Rohstoffs unter Berücksichtigung seiner Mineralbeimengungen kann durch mikroskopische Untersuchungen relativ sicher angegeben werden. Dabei lassen sich die Art der Mineraleinschaltungen (Tonminerale, Glimmer, Feldspäte, Pyrit, Eisenhydroxid, kohlige oder bituminöse Substanzen u. a.), der Mengenanteil und ihr Verteilungsgrad (homogene oder inhomogene Verteilung, Zusammenballungen, Lagen, Schmitzen usw.) bestimmen.

Eingang des Manuskripts in der Redaktion: 11. 9. 1968.

Schon das Vorhandensein geringer Alkali- oder Al_2O_3-Gehalte ergibt eine starke Erniedrigung der Erweichungstemperatur. Alkaligehalte sind allerdings, bis auf Ausnahmen, beim Tertiärquarzit nur in derart geringen Mengen zu erwarten, daß hier wohl auf die relativ kostspielige Alkalibestimmung verzichtet werden kann.

Die Träger des Al_2O_3-Gehalts sind die Tonminerale, die an den Zement des Tertiärquarzits gebunden sind (Abb. 1). Der Zement wandelt sich beim Brand rasch in die Hochtemperaturmodifikationen der Kieselsäure um. Hierbei handelt es sich im wesentlichen um Cristobalit, so daß im folgenden nur dieses Mineral erwähnt werden soll. Für ein günstiges Umwandlungsverhältnis ist ein hoher Zementanteil erwünscht. Allerdings enthält der hohe Zementanteil hohe Al_2O_3-Werte, die nach Beobachtungen des Verf. um so höher liegen, je feinkörniger der Zement ist. Diese Beziehung zwischen Tonmineralanteil und Zementausbildung kann dazu führen, daß der Al_2O_3-Gehalt die von der Industrie geforderten Grenzwerte trotz des guten Brennverhaltens des Tertiärquarzits überschreitet.

Es ist wichtig, die Umwandlung des Silikarohstoffs in Cristobalit günstig und möglichst vollständig zu erreichen. Sie geht beim Tempern von Felsquarzit sehr langsam vor sich, beim Tempern von Feuerstein dagegen sehr schnell. Zementführende Tertiärquarzite zeigen infolge ihres klastischen Anteils eine mittlere Umwandlungsgeschwindigkeit. Das Gefüge des zementführenden Tertiärquarzits kann die während der Umwandlung und Volumenvergrößerung auftretenden Spannungen ohne stärkere Rißbildung und ohne Erhöhung der Porosität auffangen. Die Einbettung des klastischen Kornanteils beeinflußt also das Brennverhalten ausgesprochen positiv, verzögert allerdings die Umwandlungsgeschwindigkeit.

Die Umwandlung des zementführenden Tertiärquarzits in Cristobalit wird durch die strukturellen Faktoren der Grundmasse und des klastischen Korns beeinflußt. Wie erwähnt, geht sie bei kryptokristalliner bis feinkristalliner Grundmasse sehr schnell vor sich. Je grobkörniger ein Material ist, um so langsamer findet die Umwandlung statt. Förderlich können hier feine Beimengungen der Grundmasse sein, die als Mineralisatoren wirken. Größere Einschaltungen in der Grundmasse, wie akzessorische Schwerminerale, spielen dagegen durch ihre sehr begrenzte Wirksamkeit und geringe Menge kaum eine Rolle. Auch Einschlüsse im klastischen Quarz können je nach Menge und Größe die Umwandlung beeinflussen.

Der klastische Kornanteil wandelt sich nur langsam um. Dabei zerspringen die Körner. Von den Sprüngen

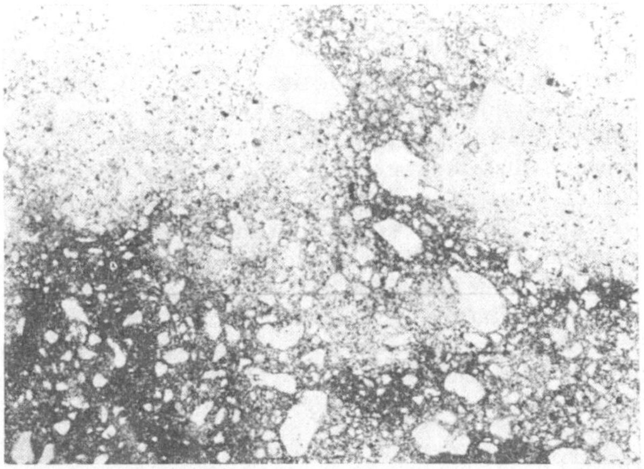

Abb. 1. Zementführender Tertiärquarzit mit Tonmineralanreicherungen
Tertiärquarzitgrube Groß-Korbetha
Dünnschliff, ‖ Nic., Vergr. 72 ×

und von der Peripherie der Körner aus kann die Umwandlung vor sich gehen (WECHT 1961). Der Zerfall undulöser Quarze beim Erhitzen wurde bereits von HOLMQUIST (1911) beobachtet. Auf die Bedeutung der Flüssigkeits- und Gaseinschlüsse in Quarzen wies schon TÖRNEBOHM (in HOLMQUIST 1911) hin. Folgende strukturellen Merkmale wirken sich auf die Umwandlung günstig aus:

niedriger Kornanteil;
eckige Kornformen;
kleine Korngrößen;
undulöses Verhalten der Körner;
Mineral-, Flüssigkeits- und Gaseinschlüsse in klastischen Quarzkörnern;
kryptokristalline bis feinkörnige Zementausbildung;
Mineralisatoren im Zement.

Bei Ableiten des Brennverhaltens aus dem mikroskopischen Bild reicht eine einfache Bestimmung des Verhältnisses Kornanteil : Zementanteil nicht aus. Nimmt man bei einem bestimmten Brand eine frontartige Umwandlung nur von der Peripherie der Körner aus an, so werden bei einer Umwandlungstiefe von x Längeneinheiten alle Körner mit einem Durchmesser von $2x$ Längeneinheiten vollständig in Cristobalit umgewandelt, ungeachtet dessen, ob sie zur Grundmasse oder zum klastischen Anteil gehören.

Eine Bestimmung des Verhältnisses Korn:Zement hat schon deshalb keine Bedeutung, weil zwischen Grundmassekorn und klastischem Korn oft gar nicht unterschieden werden kann (Abb. 1). Das trifft besonders für Tertiärquarzite zu, deren klastischer Anteil dem Buntsandstein entstammt. Das Grundmassekorn kann bei granulöser Ausbildung sogar grobkörniger sein als der klastische Feinanteil. Im Extremfall erreichen neugebildete Quarze oder Quarzaggregate, besonders in Pseudokonglomeratquarziten, die Korngröße der grobkörnigen klastischen Quarze. Auch bei deutlich begrenzten, großen, klastischen Quarzkörnern kann im Zement der feinkörnige Anteil noch teilweise klastischen Ursprungs sein (zwei Korngrößenfraktionen des klastischen Anteils — Einsprenglings- und Grundmassequarze verwitterter Quarzporphyre; Quarze verschiedener Liefergebiete; Abb. 2).

Auf Grund der mikroskopischen Untersuchungen kann man eine Aussage über die Qualität des Materials machen, wenn alle Merkmale erfaßt und berücksichtigt werden. Ein zahlenmäßiges Erfassen scheint jedoch nicht möglich zu sein, wie das Verhältnis Korn: Zement zeigt, da zu viele Faktoren berücksichtigt werden müssen.

Für die Silikaindustrie kommen nach rein petrographischen Gesichtspunkten, also ohne die Vorratslage im Gebiet der DDR zu berücksichtigen, folgende Kieselsäuregesteine an Stelle des zementführenden Tertiärquarzits als Austauschrohstoffe in Frage:

1. körnige metamorphe und sedimentäre Kieselsäuregesteine; Felsquarzite (metamorph beanspruchte Gesteine), Quarzsandsteine (diagenetisch beanspruchte Gesteine), Quarzsande (nichtbeanspruchte Gesteine);
2. feinkristalline bis amorphe sedimentäre Kieselsäuregesteine; Kieselschiefer, Hornsteine mit der Varietät Feuerstein, Limnoquarzit;
3. Verkieselungsgesteine — verkieselte Magmatite;
4. Hydrothermalite — Gangquarze.

Im folgenden werden die verwendbaren Gesteine bezüglich ihres Mineralbestands und ihrer Struktur, für die spezifisch die mikroskopische Untersuchungsmethode anzuwenden ist, behandelt. Dabei sollen, besonders im Vergleich zum zementführenden Tertiärquarzit, die für die Silikaindustrie wichtigen Eigenschaften herausgestellt werden.

Felsquarzit

Die Felsquarzite zeichnen sich neben ihrem Quarzanteil häufig durch Glimmer- und Feldspateinschaltungen aus. Diese Mineraleinschaltungen erhöhen die Alkali- und Al_2O_3-Werte oft derart, daß eine Verwendung in der Silikaindustrie nicht möglich ist. Der schiefrige Aufbau des Felsquarzits ergibt häufig Inhomogenitäten, die auch bei einer intensiven Aufbereitung nur z. T. aufgehoben werden könnten. Felsquarzite mit vielfach auftretenden Tonschieferzwischenlagen sind in den meisten Fällen ungeeignet.

Folgende Faktoren wirken sich auf die Umwandlung des Quarzes zu Cristobalit günstig aus:

fein- und wechselkörnige Strukturen;
undulöses Verhalten von Quarzkörnern;
Mörtelstrukturen bei kataklastischer Beanspruchung;

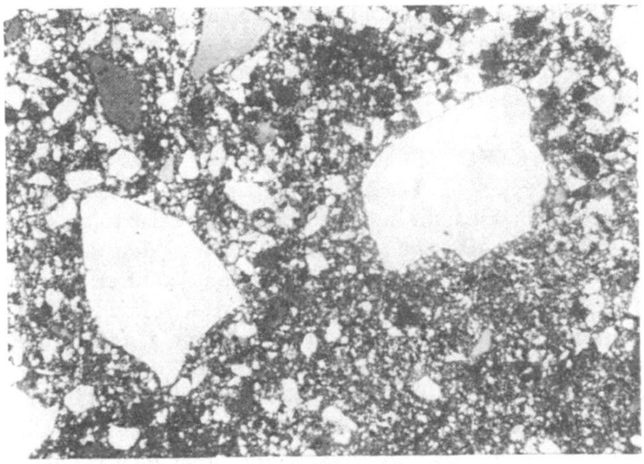

Abb. 2. Zementführender Tertiärquarzit mit Einsprenglings- und Grundmassequarzen verwitterter Quarzporphyre
Tertiärquarzitlagerstätte Burkartshain
Dünnschliff, + Nic., Vergr. 72 ×

Abb. 3. Körniger Tertiärquarzit mit wechselkörniger Struktur
Braunkohlentagebau Profen
Dünnschliff, + Nic., Vergr. 72 ×

implikative Verzahnung der Quarzkörner;
Einschlüsse in klastischen Quarzkörnern.

Die Porosität des Felsquarzits ist wie beim zementführenden Tertiärquarzit gering.

Beispiele sind: der Quarzit von Gommern, der Dubrau-Quarzit und der Acker-Bruchberg-Quarzit.

Quarzsandstein

Die Sandsteine zeichnen sich häufig durch Tonmineral- und Glimmereinschaltungen aus, die besonders an Schichtflächen gebunden sind und erhöhte Al_2O_3- und Alkaligehalte verursachen. In dieser Zusammensetzung sind sie unbrauchbar. Dagegen treten ungegliederte Sandsteine derart häufig mit bedeutender Mächtigkeit auf, daß mit Leichtigkeit auf reine Quarzsandsteine zurückgegriffen werden könnte.

Mosaikstrukturen mit weitgehend geradflächigen Begrenzungen und gleichkörnige Ausbildung der Quarzkörner ergeben eine ungünstige Beeinflussung des Brennverhaltens. Im übrigen gelten die beim Felsquarzit gemachten Angaben über fein- bis wechselkörnige Strukturen und undulöses Verhalten.

Die hohe Porosität und geringe Festigkeit des Sandsteins sind, bis auf kompakte Partien mit völliger Ausfüllung des Porenraums durch orientierte Anwachssäume der Quarzkörner, ungünstig.

Beispiele sind: die Sandsteine des Elbsandsteingebirges und des Subherzynen Beckens.

Zur Gruppe der körnigen sedimentären Kieselsäuregesteine sind auch die körnigen Tertiärquarzite zu stellen. Diese unterscheiden sich grundlegend von den zementführenden (HAAGE 1966a). Die Gesteine können wegen der geringen Vorratsmengen von vornherein als nicht geeignet bezeichnet werden. Im allgemeinen treten nur Konkretionen auf, die sich zu Bänken von wenigen Metern Mächtigkeit zusammenschließen können. Vom petrographischen Standpunkt aus würden sich die körnigen Tertiärquarzite auf Grund fehlender Feldspat- und sehr geringer Tonmineral- und Glimmeranteile eignen. Auch hier treten wie beim Sandstein, mit dem das Gestein in seinen Eigenschaften zu vergleichen ist, klein-, grob- und wechselkörnige (Abb. 3) Strukturen auf. Dabei sind die orientierten Quarzanwachssäume oft in ausgezeichneter Form ausgebildet.

Brennversuche von KUMMER (1958) an Tertiärquarziten des Braunkohlentagebaus Espenhain ergaben, daß sich die Oberflächengröße der Quarzkörner bei der Umwandlung zu Cristobalit zwar auswirkt, daß ihre Wirkung aber gegenüber der von Mineralisatoren stark zurücktritt. Eisenhaltige Beimengungen (Pyrit) treten in solcher Menge auf, daß sich häufig Verschlackungsfelder ausbilden. KUMMER stellt erwartungsgemäß fest, daß der Tertiärquarzit von Espenhain nur langsam zu Cristobalit umgewandelt wird. Eingehende petrographische Untersuchungen des Tertiärquarzits von Espenhain wurden von HAAGE (1966b) durchgeführt.

Quarzsand

Bei Sanden, besonders Glassanden, kann der Kieselsäureanteil über 99% liegen. Bezüglich der Struktur sind keine wesentlichen Beeinflussungen des Umwandlungsverhaltens gegeben.

Beispiele sind: der miozäne Sand von Hohenbocka und der eozäne Sand von Walbeck.

Gangquarz

Gangquarz tritt gegenüber den körnigen Kieselsäuregesteinen nur untergeordnet auf. Die im Vergleich zu den anderen Rohstoffen geringen Vorratsmengen und die abbautechnischen Schwierigkeiten dürften wohl kaum zu einem Einsatz in der Silikaindustrie führen.

Es handelt sich oft um Quarzgesteine ohne andere Mineralbeimengung. Bei Gangbrekzien oder auch Einschwemmungen tonigen Materials in zellig-drusige Hohlräume des Gangquarzes können höhere Alkali- und Al_2O_3-Werte erwartet werden. Quarzgänge mit Erzmineralisation kommen als Silikarohstoffe nicht in Betracht.

Das Brennverhalten wird durch folgende Faktoren günstig beeinflußt:

vergrößerte Oberfläche durch lappige Verzahnung von Quarzkörnern. Da die einzelnen Quarzkörner aber relativ groß sind, wird dieses Merkmal eine nur untergeordnete Rolle spielen;
undulöses Verhalten der Quarzkörner (teilweise vorhanden);
Flüssigkeits- und Gaseinschlüsse sprengen beim Brand die Quarzkörner und vergrößern die Oberfläche.

Abb. 4. Kulmkieselschiefer mit Tonschiefer wechsellagernd
Kieselschiefersteinbruch Westerwinkel bei Elbingerode

Abb. 5. Kulmkieselschiefer mit unregelmäßig durchsetzenden, chalzedongefüllten Adern
Schävenholz bei Elbingerode
Dünnschliff, + Nic., Vergr. 37 ×

Tab. Chemische Analyse von Kieselsäuregesteinen (Chem. Labor des DAMW Meißen 1965)

Anal.-Nr.	1	2	3	4	5
Glühverlust	0,12		1,18	0,02	0,56
SiO_2	94,92	98,5	97,17	97,48	98,54
TiO_2	0,08	Sp.	0,05	0,46	0,08
Al_2O_3	1,71	0,3	0,16	0,10	0,31
Fe_2O_3	2,41	0,3	1,59	1,80	0,37
CaO	0,44	0,8	0,11	0,05	0,11
MgO	0,08	Sp.	0,20	0,12	0,16
Alk.	n. b.	0,1	n. b.	n. b.	n. b.

Angaben in Gew.-%, n. b. = nicht bestimmt, Sp. = Spuren

Anal.-Nr. 1. Kieselschiefer; Schävenholz bei Elbingerode (Harz)

Anal.-Nr. 2. Feuerstein; Rügen, bei ca. 1000 °C gebrannt

Anal.-Nr. 3. Limnoquarzit; Sląská, Slowakei

Anal.-Nr. 4. Verkieselter Rhyodazit; Šobovfelsen bei Banská Štiavnica, Slowakei

Anal.-Nr. 5. Verkieselter Quarzporphyr: Lesestein in der Umgebung des Reilsberges in Halle

Anal.-Nr. 2 nach freundl. Mitt. von Herrn Dr.-Ing. SCHULLE (Institut der Feuerfest-Industrie, Meißen)

Die Porosität des Gangquarzes ist ähnlich wie beim Felsquarzit.

Als Beipsiele sind die Lausitzer Quarzgänge zu nennen. Ein geologisch bemerkenswerter Quarzgang außerhalb der Grenzen der DDR ist der Bayrisch-Böhmische Pfahl.

Kieselschiefer

Die Kieselschiefer sind paläozoische sedimentäre Kieselsäuregesteine (HAAGE 1966c), die in Wechsellagerung mit Ton- oder Alaunschiefern teilweise mächtige stratigraphische Horizonte einnehmen (Abb. 4). Hierher gehören z. B. der Kulmkieselschiefer des Ostthüringer Schiefergebirges, der Elbtalzone (Wittgensdorf, Nentmannsdorf) und des Lausitzer Schiefergebirges (Kirchteich bei See).

Auf Grund der Wechsellagerung mit tonigen Zwischenlagen reagieren die Gesteinsserien bei tektonischer Beanspruchung relativ stark, besonders, wenn es sich um geringmächtige Lagen handelt. Je stärker die Kieselschieferlagen sind, um so dünner sind im allgemeinen die Tonschieferzwischenlagen; je dünner die Kieselschieferlagen sind, um so größer ist der Tonschieferanteil. Neben der Wechsellagerung bestehen auch lückenlose Übergänge in kieseligen Ton- und Alaunschiefer.

Die oft intensive tektonische Beanspruchung mit daraus resultierender komplizierter Lagerung, die starken Anteile an Tonschieferzwischenlagen und Übergänge in Tonschiefer stehen einem Abbau und einer Verwendung als Silikarohstoff entgegen. Daneben dürfte die Frage der Aufbereitung, d. h. das Entfernen der Ton- bzw. Alaunschieferzwischenlagen, oft den Ausschlag für eine mögliche Verwendung geben.

Der Kieselschiefer zeigt unter dem Mikroskop eine wechselnde Zusammensetzung bezüglich der kohligen Pigmentierung sowie der Schichtsilikat- und Pyritanteile. Gemeinsam mit dem kohligen Pigment und den Schichtsilikaten treten geringe Alkaligehalte auf. Die chemische Analyse (s. Tab.) läßt erkennen, daß der SiO_2-Wert im Vergleich zum Tertiärquarzit durch höhere Al_2O_3- und Fe_2O_3-Werte niedriger liegen kann.

Die Struktur des Kieselschiefers ist kryptokristallin (Abb. 5) bis feinkristallin (Abb. 6) bei mosaikartiger bis implikativ verzahnter Kornbindung. Die Korngröße der einzelnen Quarzkörner liegt im allgemeinen unter der des Tertiärquarzitzements und über der der Feuersteingrundmasse. Die Textur ist meist homogen bei isotroper bzw. anisotroper Anordnung der Grundmassekörner. Diese Eigenschaften bewirken eine rasche Umwandlung zu Cristobalit beim Brand. Die Umwandlung wird nach der Gefügeausbildung mit der des Feuersteins und Tertiärquarzitzements zu vergleichen sein.

In den Kieselschiefern treten quarz- und chalzedongefüllte Adern auf (Abb. 5), die z. T. scharenweise parallel verlaufen, z. T. völlig unregelmäßig das Gestein durchschlagen. Sie können sowohl eine scharfe Grenze zur Grundmasse ausbilden als auch in diese übergehen. Die für die Kieselschiefer charakteristischen Radiolarien (Abb. 7) können in ihrer Größe, Form, Menge, Verteilung und Kieselsäureausfüllung variieren. Es kann erwartet werden, daß sowohl die Quarz- und Chalzedonadern als auch die Radiolarien die Funktion des

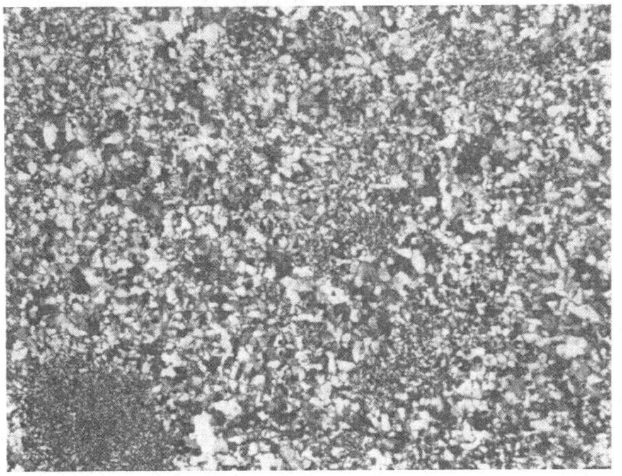

Abb. 6. Feinkörniger Kulmkieselschiefer
Steuerköpfe im Wormketal (Harz)
Dünnschliff, + Nic., Vergr. 37 ×

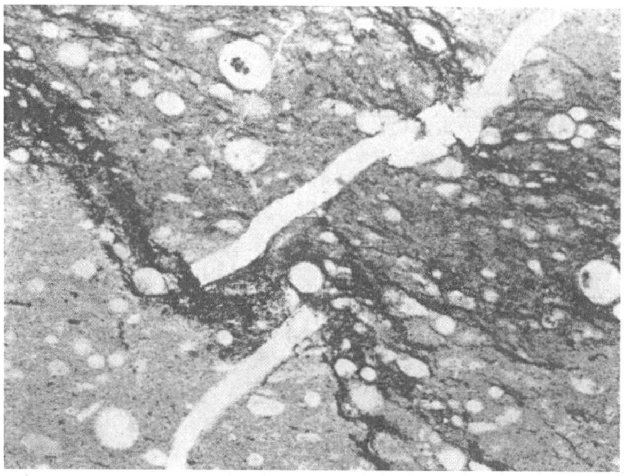

Abb. 7. Kulmkieselschiefer mit Chalzedonader, kohligem Pigment und Radiolarien
Schävenholz bei Elbingerode

Dünnschliff, ‖ Nic., Vergr. 37 ×

Spannungsausgleichs beim Brand entsprechend dem klastischen Quarz im zementführenden Tertiärquarzit übernehmen.

Hornsteine

Hornsteine sind konkretionäre und lagige sedimentäre Gesteine, die besonders in Kalksteinen auftreten. Hierher gehören z. B. die Karneolbank im Chirotherien-Sandstein Thüringens und die Hornsteinkonkretionszone im Wellenkalk (Bad Sulza).

Für die DDR sind besonders die als Feuerstein bezeichneten kretazischen Hornsteinkonkretionen in der Schreibkreide von Bedeutung. Dieser Feuerstein fällt als Nebenprodukt bei der Kreidegewinnung in großen Mengen an. Durch den lockeren Aufbau der Schreibkreide ist eine Abtrennung der Feuersteine ohne ein Einschleppen größerer CaO-Anteile möglich. Damit bietet sich eine günstige Rohstoffquelle an, die bereits genutzt wird.

Bei den oft um die Feuersteinknollen beobachteten weißen Krusten handelt es sich um Kieselsäure poröser Ausbildung und nicht um Kalk, wie das teilweise fälschlich angenommen wird. Kalk kann aber im Feuerstein bei einer noch nicht restlos erfolgten Verdrängung durch Kieselsäure auftreten, wobei es sich hier allerdings um nur geringe Anteile handelt. Bei einer Verwendung als Silikarohstoff dürften diese Kalkanteile kaum als qualitätsmindernd ins Gewicht fallen.

Die Mineralzusammensetzung des Feuersteins ist eintöniger als die des Kieselschiefers. Abgesehen vom Karbonat können im wesentlichen kohliges Pigment und Pyrit auftreten. Alkalien und Al_2O_3 sind in stärkerem Maße nicht zu erwarten (s. Tab.). Nach SCHULLE (1963) überschreiten die Gehalte nicht 0,1 bzw. 0,3%, nach TÖPPLER (1962) jeweils 0,1%.

Die Struktur ist kryptokristallin. Die Korngröße liegt im allgemeinen unter der des Kieselschiefers. Die Textur ist homogen und isotrop. Infolge der kryptokristallinen Struktur wandelt sich die Grundmasse sehr rasch in Cristobalit um. Begünstigt wird die Umwandlung durch mikroskopisch nicht mehr bestimmbare, feinverteilte Einschaltungen, die als Mineralisatoren wirken. Eine weitere Begünstigung kann durch Gitterstörungen angenommen werden, die sich durch schwächere Intensitäten röntgenographischer Reflexe anzeigen.

Während des Brandes zerreißt das Gestein bis zu feinsten Mikroporen, einmal durch die Wasserabgabe und das Verbrennen des kohligen Pigments bei ungefähr 600 °C, zum anderen durch die Umwandlung in Cristobalit, die bei ungefähr 1100 °C einsetzt. Ausgleiche der Spannungen während des Brandes durch grobkörnige Gesteinsanteile, wie sie beim zementführenden Tertiärquarzit vorliegen und beim Kieselschiefer erwartet werden, finden beim Feuerstein nicht statt.

Limnoquarzit

Der Limnoquarzit ist in seinem petrographischen Aufbau den Hornsteinen ähnlich und dürfte damit ein dem Feuerstein gleiches Brennverhalten zeigen. Nach dem mineralogisch-petrographischen Aufbau und der chemischen Analyse (s. Tab.) ist das Gestein mit dem Feuerstein zu vergleichen. Das an tertiäre Vulkanite gebundene Gestein tritt in der DDR nicht auf, dagegen aber in der Slowakei (Banská Štiavnica, früher Schemnitz) und in Ungarn (Tokajer Gebirge).

Verkieselungsgesteine

Die Verkieselungsgesteine haben für die DDR, ebenso wie die Limnoquarzite, keine Bedeutung. Dagegen wird in der Slowakei (Šobovfelsen bei Banská Štiavnica) verkieselter Rhyodazit abgebaut, um in der feuerfesten Industrie Verwendung zu finden (s. Tab., POLAK 1962, 1963). Es handelt sich um ein völlig verkieseltes Gestein mit feinkörniger Mosaikstruktur des Quarzes, in der ehemalige vulkanische Strukturen noch erkennbar sein können.

Ein wirtschaftlich unbedeutendes, aber petrographisch interessantes Vorkommen ist vom Reilsberg bei Halle bekannt. Hier handelt es sich wohl ebenfalls wie beim Šobovfelsen um Hydrothermen, die eine nahezu völlige Silifizierung des ursprünglichen Vulkanits bewirkten. Der verkieselte Quarzporphyr des Reilsberges (Gipfeltrümmerporphyr) besteht zu 98,5 Gew.-% aus SiO_2, der Rhyodazit des Šobovfelsens zu 97,5 Gew.-% (Tab.).

Zusammenfassung

Die Vorräte der in der DDR verwendeten zementführenden Tertiärquarzite sind so gering, daß ein Suchen nach Austauschrohstoffen erforderlich wird.

Die zementführenden Tertiärquarzite weisen eine Reihe von Eigenschaften auf, die den Produktionsprozeß, besonders den brenntechnischen Vorgang, positiv beeinflussen. Ähnliche positive Eigenschaften werden von den Austauschrohstoffen ebenfalls erwünscht; deshalb macht sich ein Vergleich der Eigenschaften der gesuchten Austauschrohstoffe mit denen des zementführenden Tertiärquarzits erforderlich.

Die vorliegenden Darlegungen zeigen, daß eine Beurteilung der Rohstoffe bezüglich ihrer Verwendbarkeit in der Silikaindustrie mit polarisationsoptischen Methoden möglich ist.

Als Rohstoffe kommen Felsquarzite, Feuersteine und Kieselschiefer in Frage. Die Felsquarzite erfordern im Vergleich zum zementführenden Tertiärquarzit einen höheren brenntechnischen Aufwand, die Feuersteine ein Vorbrennen. Rohstoffe mit dem zementführenden Tertiärquarzit äquivalentem petrographischem Aufbau sind nicht nachweisbar.

Резюме

Запасы используемых в ГДР цементоносных третичных кварцитов настолько малы, что является необходимым поиск заменяющего сырья.

Цементоносные третичные кварциты обладают рядом свойств, которые положительно влияют на производственный процесс, особенно на обжиготехнический процесс. Подобные положительные свойства желательны также и у заменяющего сырья. Поэтому необходимо сравнение свойств искомого заменяющего сырья со свойствами цементоносных третичных кварцитов.

Представленные изложения показывают, что оценка сырья относительно его применимости в силикатной промышленности возможна с помощью поляризационно-оптических методов.

В качестве сырья принимаются в расчёт скальные кварциты, кремни и кремнистые сланцы. Скальные кварциты требуют по сравнению с цементоносными третичными кварцитами более высокой обжиготехнической затраты, кремни требуют предварительного обжига. Сырьё с петрографической структурой, эквивалентной цементоносным третичным кварцитам, не могло быть доказано.

Summary

The resources of cement-bearing Tertiary quartzites used in the G. D. R. are so insignificant as to render necessary a search for substitutes.

Cement-bearing Tertiary quartzites show a number of properties influencing positively manufacturing, and firing in particular. Similar positive properties are also desirable for their substitutes. Therefore, it is necessary to compare the properties of the substitutes sought for with those of the cement-bearing Tertiary quartzite.

The present article shows that these substitutes can be evaluated by polarization-optical methods with respect to their suitability for the silicate industry.

Substitutes suited for the purpose include: uncemented rock quartzites, flints and siliceous schist. Compared with cement-bearing Tertiary quartzite firing expenses are higher for uncemented quartzites, whereas flints require prefiring. Substitutes with a petrographical composition equivalent to the cement-bearing Tertiary quartzite cannot be demonstrated.

Literatur

HAAGE, R.: Zur petrographischen Unterscheidung der Tertiärquarzite. — Silikattechn., **17**, S. 395, Berlin 1966 [1966a].

— Beitrag zur Petrographie und Genese des Tertiärquarzits von Böhlen—Espenhain bei Leipzig. — Ber. dt. Ges. geol. Wiss., B., Miner. Lagerstättenforsch., **11**, 229—237, Berlin 1966 [1966b].

— Zur Unterscheidung der petrographischen Begriffe „Kieselschiefer“ und „Lydit“. — Geologie, **15**, 876—878, Berlin 1966 [1966c].

HOLMQUIST, P. J.: Ursachen des Wachsens der Dinassteine. — Tonindustrie, **35**, 112, 1323—1327, Berlin 1911.

KUMMER, P.: Untersuchungen zum keramischen Verhalten des Espenhainer Quarzits. — Dipl.-Arb. Bergakad. Freiberg (Sa.) 1958.

POLAK, S.: Quarzite für Dinas aus der mittleren Slowakei und die Perspektiven für deren Nutzung. — Geolog. průzkum, **3**, 37—39 (1961); Ref. Zbl. Mineral., II, 4, S. 694 (1962).

— Ku genéze ložiska dinasových křemencov na vrchu Šobov pri Banskej Štiavnici. — Geol. Prace, **29**, 143—155, Bratislava 1963.

SCHULLE, W.: Silikasteine ohne Findlingsquarzit. — Unveröff. Forschungsber. (1963).

TÖPPLER, B.: Untersuchungen an Flint. — Ref. Dipl.-Arb. Silikattechn., **13**, S. 406, Berlin 1962.

WECHT, P.: Einige mikroskopische und röntgenographische Beobachtungen an Silikarohstoffen und -steinen. — Ber. DKG, **38**, 396—402 (1961).

Urengoj – die größte Erdgaslagerstätte der Welt

O. A. REMEJEW & K. W. OSTROWSKAJA, UdSSR

In den letzten fünf Jahren wurden im Nordteil der Westsibirischen Tiefebene einige äußerst reiche Erdgaslagerstätten nachgewiesen: Tasowsk, Sapoljarnoje, Gubkin, Komsomolskoje, Urengoj, Medweshe u. a. Alle diese Lagerstätten verkörpern nach ihrem geologischen Bau einen Typ. Die in ihnen entdeckten Gaslager sind an sandig-aleuritische Speichergesteine des Cenomans gebunden, die unmittelbar unter marinen tonigen Gesteinen des Turons oder noch jüngeren Schichten liegen. Die Lager sind an positive Strukturen mit einer hohen Amplitude und von bedeutenden Abmessungen gebunden. Die größte unter ihnen ist Urengoj.

Die Lagerstätte Urengoj liegt am linken Ufer des Purs im dünnbesiedelten Teil der Tundra des Jamato-Nenzen-Nationalkreises im Gebiet von Tjumen. Die Suchbohrungen begannen hier im Jahre 1966 auf Grund von vorläufigen Angaben der flächenhaften reflexionsseismischen Messungen, mit denen der Südteil der gleichnamigen Struktur erkundet wurde. Die erste Bohrung (Bohrung 2) innerhalb der Periklinale traf ein Gaslager in den Cenoman-Ablagerungen an. In lezter Zeit liefen Erkundungsbohrungen und flächenhafte seismische Messungen parallel.

Von Mai 1966 bis Oktober 1967 wurden auf der Lagerstätte 13 Bohrungen abgeteuft, die es gestatten, den größeren Südteil des Lagers zu untersuchen und eine Bewertung der Vorräte vorzunehmen. Die von der Staatlichen Vorratskommission bestätigten Erdgasvorräte betrugen 2,6 Billionen m^3 (670 Mrd. m^3 der Kategorie B, 1030 Mrd. m^3 der Kategorie C_1; im nördlichen, nichterkundeten Teil der Lagerstätte wurden die Vorräte der Kategorie C_2 auf 900 Mrd. m^3 geschätzt.

Die bis zu einer Teufe von 3200 m niedergebrachte Bohrung 1 erreichte die Gesteine des Valendis. Die übrigen Bohrungen wurden in den Teufen 1300—1600 m nach Erschließung der produktiven Cenoman-Ablagerungen eingestellt.

Der untere Teil des Profils, der in der Bohrung 1 im Intervall von 2786—3200 m angetroffen wurde, besteht vorwiegend aus tonigen Gesteinen mit untergeordneten Sandsteinzwischenmitteln, vermutlich Valendis. Nach Auswertung der elektrischen Bohrlochmessungen können die einzelnen sandigen Zwischenmittel produktiv sein und zum Testen vorgesehen werden.

Im Intervall 1150—2786 m wurde in der Bohrung 1 eine mächtige Serie litoral-kontinentaler Gesteine vom Hauterive bis einschließlich Cenoman erschlossen. Die Serie besteht aus wechsellagernden Schichten von Sandsteinen, Aleuriten und Tonen, bei denen sandig-aleuritische Gesteine vorherrschen. Ein ähnliches Profil wurde auch in anderen Gebieten Nordwestsibiriens aufgeschlossen. Auf Grund von Beobachtungen der auf den verschiedensten Flächen niedergebrachten Bohrungen kann man annehmen, daß die gesamte Serie hydrodynamisch zusammenhängt. Offensichtlich sind in Nordwestsibirien die Gasakkumulationen an ihr Han-

Aus.: „Geologija nefti i gasa“, H. 9, S. 1—4, Moskau 1968.
Übers.: H. HOCKE, Berlin.

Zeitschrift für angewandte Geologie, Bd. 15 (1969), Heft 6

gendes gebunden. Innerhalb der Serie sind noch keine Erdöl- oder Erdgaslagerstätten entdeckt worden. Das läßt sich durch das Fehlen von flächenhaft aushaltenden, genügend mächtigen tonigen Zwischenlagen erklären.

Auf der Lagerstätte Urengoj ist lediglich der obere Teil des Cenomans der zu betrachtenden Ablagerungen gut untersucht. Die Oberkante des Cenomans wurde in den Teufen 1100—1250 m angefahren. Die Bohrungen erreichen 50—380 m tiefer die produktiven Cenoman-Schichten. Dieser Teil des Profils besteht aus wechsellagernden Sandstein-, Aleurit- und Tonschichten. Die Mächtigkeit der einzelnen Zwischenlagen der sandig-aleuritischen Speichergesteine ändert sich von 0,4 bis 21 m, die Mächtigkeit der tonigen Zwischenlagen von 0,4 bis 10 m. Die einzelnen Zwischenlagen sind infolge der Veränderlichkeit ihrer lithologischen Zusammensetzung nicht einmal in nahe beieinander liegenden Bohrungen korrelierbar. Jedoch bleibt der Sandgehalt des Profils annähernd gleich und das nicht nur in der untersuchten Lagerstätte Urengoj, sondern auch auf einem beträchtlichen Territorium Nordwestsibiriens. So beträgt auf der Lagerstätte Urengoj die Gesamtmächtigkeit der sandig-aleuritischen Gesteine im erschlossenen Profil 50—75% (durchschnittlich 64%), auf anderen Flächen etwa 65%; sie kann bis auf 80% ansteigen. Zwischen dem sandig-aleuritischen Hauptteil des Profils haben die linsenartigen Zwischenlagen kompakter Tone eine untergeordnete Bedeutung.

Die Speichergesteine enthalten Feldspat und Quarz von polymikter Zusammensetzung. Das klastische Material ist schlecht gerundet und vorwiegend feinkörnig. Das Bindemittel ist tonig, hauptsächlich chloritisch-hydroglimmerig und chloritisch-kaolinitisch. Der Tongehalt der Speichergesteine ist erheblich und beträgt im Durchschnitt 20%. Er besteht sowohl aus feinverteiltem zementierendem Material als auch aus einem feinen Wechsel toniger Zwischenlagen.

Die Speichergesteine haben wegen der schlechten Rundung der Körner und der geringen Teufe, in der sie lagern, eine hohe Porosität, die zwischen 20 und 35% liegt. Die durchschnittliche Porosität der Speichergesteine wurde bei der Vorratsberechnung mit 27% angenommen. Die Permeabilität schwankt zwischen 1 und 3800 md und beträgt im Durchschnitt 550 md.

Die produktiven Gesteine des Cenomans werden von einer Serie mariner toniger Ablagerungen des Turons/Dans überdeckt, die fast auf dem gesamten Territorium der Westsibirischen Tiefebene die Abdeckung bildet. Die Mächtigkeit dieser Tondecke beträgt in der Lagerstätte Urengoj 570—630 m.

Im Profil lagern darüber Gesteine des Paläogens, die hauptsächlich durch kontinentale Sande mit Zwischenlagen von grauen Tonen und Braunkohlen (Paläozän, 200—240 m) und im übrigen Teil durch Tone des Eozäns und unteren Oligozäns mit einer Gesamtmächtigkeit bis zu 180 m vertreten sind. Die paläogenen Ablagerungen werden von quartären Bildungen mit einer Mächtigkeit bis zu 200 m überdeckt.

Tektonisch gesehen, liegt die Aufwölbung, an die die Lagerstätte gebunden ist, im Zentralteil des Urengoj-Walls, der zum Nordwestteil der Megasenke des Purs gehört. Die Urengoj-Struktur ist innerhalb der angrenzenden Schichtisohypsen (Abb. 1) eine Brachyantiklinale mit einer Länge von 95 km und einer Breite von 25 km. Sie streicht von N nach S und besitzt eine Amplitude von ca. 180 m. Die Einfallwinkel der Flanken sind nicht größer als 1°. Lage und Konfiguration der Struktur sind in den höherliegenden Ablagerungen vollkommen erhalten, doch nimmt ihre Amplitude allmählich ab.

Wie schon erwähnt, ist die Gaslagerstätte an den oberen Teil der Cenoman-Ablagerungen gebunden, und da die Gesamtmächtigkeit der hydrodynamisch zusammenhängenden produktiven Cenoman-Serie weitaus die Amplitude der Struktur übertrifft, hat sie einen schichtig-massigen Bau, und die gesamte Fläche der Lagerstätte wird von Liegendwasser unterlagert (Abb. 2). Der Gas/Wasser-Kontakt (GWK) wurde in 1190 bis

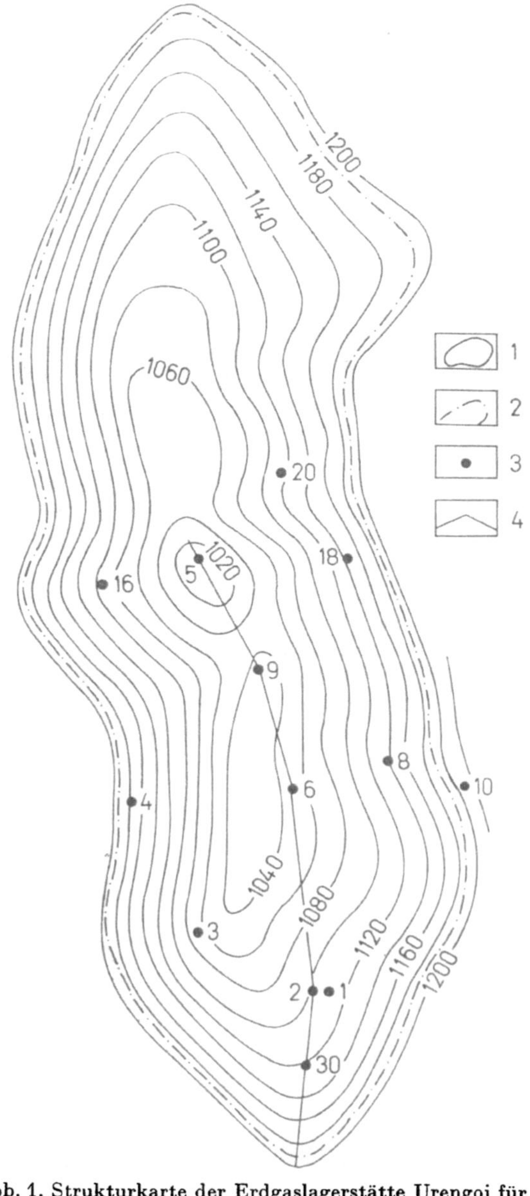

Abb. 1. Strukturkarte der Erdgaslagerstätte Urengoj für die Oberkante der produktiven Ablagerungen des Cenomans

1 — Schichtisohypsen, konstruiert nach Bohrangaben, unter Berücksichtigung von Materialien der seismischen Erkundung; 2 — äußere Kontur der Gasführung; 3 — abgeteufte Bohrungen; 4 — Linie des geologischen Profils (wiedergegeben in Abb. 2)

1196 m festgestellt. Er ist in nordöstlicher Richtung schwach geneigt. Die Höhe des Lagers beträgt 176 m, die Fläche 2100 km².

Die Gesamtmächtigkeit der gasgesättigten Speichergesteine erreicht, mit Ausnahme der kompakten Zwischenlagen im Scheitelteil der Struktur, 150 m; die durchschnittliche Mächtigkeit für die Fläche ist gleich 45 m.

Die erhebliche Mächtigkeit der hydrodynamisch zusammenhängenden Serie weist bei ihrer weiten Ausdehnung darauf hin, daß dieses System über einen mächtigen Vorrat an Schichtenergie verfügt, der ein effektives Wasserdruckregime im Lager gewährleistet.

Beim Testen der Bohrungen betrugen die berechneten absoluten freien Gaszuflüsse 5—9 Mill. m^3 und mit Düsen von 18—19 mm 500 bis 600000 m^3/d, bei Depressionen von 2—3 at. Das Gas besteht aus Methan. Der Methangehalt liegt zwischen 97,5 und 99,0%, der Äthangehalt zwischen 0,1 und 1%. Nachgewiesen wurden auch Spuren von Propan und Butan; schwere Kohlenwasserstoffe fehlen. Schwefelwasserstoff wurde im Gas nicht festgestellt. Ammoniumgas ist mit 0,1 bis 0,4%, Stickstoff mit 0,2—1,3% vorhanden. Das spezifische Gewicht des Gases beträgt gegen Luft 0,56, der Heizwert 7880—7960 kcal. Erdölränder wurden in der Lagerstätte nicht gefunden. Spezielle Untersuchungen über den Kondensatgehalt wurden nicht durchgeführt, visuell wurde das Vorhandensein von Kondensat nicht fixiert.

Der durchschnittliche anfängliche Schichtdruck in der Lagerstätte, der für 1130 m Teufe berechnet wurde, betrug 123 at. Der Schichtdruck war auf der Höhe des Gas/Wasser-Kontakts gleich dem hydrostatischen Druck beim Testen der Bohrung 8. Das statische Niveau betrug in dieser Bohrung 5 m, was bei der Berechnung für die entsprechende Teufe einen Druck ergibt, der gleich dem in der Höhe des Gas/Wasser-Kontakts in der Lagerstätte ist.

Das Schichtwasser der Cenoman-Serie hat eine Mineralisation von 18,5 g/l; es gehört nach der Klassifizierung von W. P. SULIN zum Chlorid-Kalzium-Typ. Das in Wasser gelöste Gas hat die gleiche Zusammensetzung wie das Gas in der Lagerstätte. Der Gasgehalt beträgt 1 m^3 pro 1 m^3 Wasser.

Die durchschnittliche Temperatur überschreitet im untersten Teil der Gaslagerstätte nicht 32 °C. Nach oben zu nimmt sie bei einem Gradienten von 3,1 °C für 100 m ab (geothermische Tiefenstufe 32,2 m für 1 °C) und beträgt in einer Teufe von ca. 200 m 0,5 °C. Nach Angaben aus der Bohrung 3 bestehen die oberen 200 m des Profils aus einer Schicht ewiger Gefrornis mit einer konstanten Temperatur von ca. +0,5 °C. Die Mächtigkeit dieser Schicht ist offensichtlich nicht konstant.

Die Lagerstätte Urengoj ist die größte unikale Akkumulation natürlichen Gases in der Welt. Ihre Erschließung wie auch die anderer großer Lagerstätten erlaubte schon auf Grund der erkundeten Vorräte, eine mächtige gasfördernde Industrie im Norden des Gebiets von Tjumen aufzubauen. Jedoch sind die Möglichkeiten des zu untersuchenden Gebiets noch nicht durch die bereits erkundeten Gasvorräte erschöpft. Unter analogen geologischen Verhältnissen der flächenhaften seismischen Erkundung wurde eine Reihe aussichtsreicher positiver Strukturen vorbereitet, darunter die

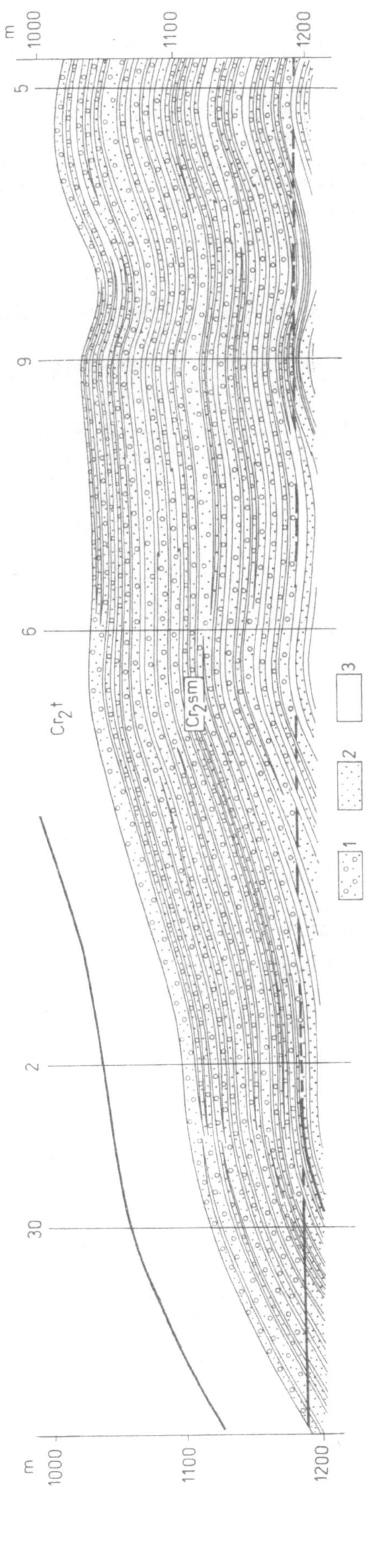

Abb. 2. Geologisches Profil der produktiven Serie der Gaslagerstätte Urengoj
Gesteine: 1 — mit Gas gesättigte sandig-aleuritische; 2 — wasserführende sandig-aleuritische; 3 — kompakte tonige

großen Aufwölbungen Jubilejnoje und Russkoje. Außerdem ist ein großer Teil des perspektivischen Gebiets von Nordwestsibirien durch diese Erkundung noch nicht erfaßt worden. Es ist durchaus möglich, daß neue Strukturen und neue Lagerstätten entdeckt werden.

Übrig bleibt der nichterkundete tiefere Teil des Profils des sedimentären Deckgebirges. Unter den tonigen Gesteinen des Valendis hofft man eine äußerst mächtige Serie jurassischer Gesteine aufzufinden, wobei, ausgehend von den regionalen Gesetzmäßigkeiten, das Vorhandensein sandiger, schichtiger Speichergesteine angenommen wird. Offensichtlich ist an die jurassischen Ablagerungen ein zweiter mächtiger produktiver Komplex gebunden. Die beschleunigte Durchführung der Sucharbeiten in diesem Teil des Profils wird von dem Umstand diktiert, daß die Gaslager hohe Schichtdrücke haben. Nicht ausgeschlossen ist auch die Möglichkeit der Entdeckung größerer Erdölakkumulationen.

Die Perspektive der Erdöl- und Erdgaserkundung in der ČSSR

Referiert von KURT KAUTER, Berlin

Die ersten Such- und Erkundungsarbeiten im Gebiet der heutigen ČSSR begannen bereits in der zweiten Hälfte des vorigen Jahrhunderts im Karpatenflysch. Die erste Erdöllagerstätte wurde allerdings erst 1914 im nördlichen Wiener Becken bei Gbely entdeckt. Die systematische Suche und Erkundung setzte erst nach dem zweiten Weltkrieg ein, vor allem ab 1950. Die Arbeiten erstreckten sich auf

a) das neogene Karpatenbecken,
b) den Bereich des Karpatenflyschs.

In neuester Zeit richtete sich die Aufmerksamkeit auch auf

c) die Südflanke des Böhmischen Massivs.

In der Vergangenheit wurden durch geophysikalische Messungen, Strukturbohrungen, Counterflushbohrungen und Tiefbohrungen so umfangreiche Erfahrungen und Kenntnisse gesammelt, daß in den Jahren 1966/1967 eine Analyse der tschechoslowakischen Erdölindustrie ausgearbeitet werden konnte. Ihr sind, kurz gefaßt, die nachfolgenden Angaben entnommen.

1. Kurze Charakteristik der höffigen Bereiche

Die höffigen Bereiche sind vor allem an das Karpaten-System gebunden. Das Böhmische Massiv besitzt nur in Ausnahmefällen Perspektiven. Ein solcher Ausnahmefall liegt an seiner Südostflanke vor, die unter das Karpaten-System eintaucht. Hier transgredieren Schichten des Devons und Karbons. Ersteres ist kalkig und kalkigpelitisch entwickelt, weiter im W liegt es in Oldredfazies vor. Das Unterkarbon weist Kulmfazies auf. Das Oberkarbon des Ostrava-Karviner Reviers ist hinreichend bekannt. Seine Fortsetzung unter der Karpatenüberschiebung ist nicht erforscht. Maximal erreicht das Paläozoikum mehrere tausend Meter Mächtigkeit.

In der Gegend von Brno transgredieren Jurasedimente auf Paläozoikum, das seinerseits einem ausgedehnten Granitkörper auflagert. Klastische Lias- und Doggersedimente werden im Malm von pelitischen und pelitisch-kalkigen Gesteinen abgelöst. Die maximale Mächtigkeit dieser Serien erreicht 2000 m.

Als perspektivisch im neogenen, inneren Karpatenbecken werden angesehen:

a) das Wiener Becken,
b) die Ostslowakische Tiefebene,
c) das Podunajsker Becken (= unteres Donaubecken).

Von den äußeren Karpaten kommen in Frage:

a) die Savsker und Štyrsker Faltenzüge der Flyschkarpaten,
b) die gefalteten oder teilweise gefalteten Sedimente der oligo-miozänen Senke.

Dieser Bereich der äußeren Karpaten, an der Staatsgrenze nach der VR Polen gelegen, wird nach ihrem unterschiedlichen geologischen Aufbau in einen westlichen und einen östlichen Teil untergliedert. Die Mächtigkeit der Flysch- und Molasseausbildungen schwankt von einigen hundert Metern bis 6000 m. Die hauptsächlichen erdöl- und erdgashöffigen Gebiete der ČSSR liegen in den jungtertiären Becken der Westkarpaten.

Das Wiener Becken, eine typische Innengebirgsdepression, entstand im Torton und ist mit miozänen und pliozänen Sedimenten ausgefüllt. Einzelheiten über die am Aufbau beteiligten Schichten sind weitgehend bekannt. Insgesamt repräsentieren sie eine Gesamtmächtigkeit, die zwischen 5800 und 6300 m schwankt. Das tektonische Bild ist sehr kompliziert. Als Grundelement treten SSW—NNE verlaufende Staffelbrüche auf. Außerdem sind Brüche und Einheiten von Bedeutung, die NW—SE, NE—SW und W—E verlaufen.

Das Podunajsker Becken stellt die nördliche Fortsetzung des ungarischen Donaubeckens dar. Wie das Wiener Becken ist es mit Miozän und Pliozän angefüllt. Sedimente mit der Mächtigkeit von einigen tausend Metern finden sich im N. Auch hier ist die Beckenstruktur sehr kompliziert. Als Grundelement werden Brüche mit NE—SW-Streichen angesehen. In den Randbereichen entwickelten sich vielfältigere Bruchsysteme.

Die Ostslowakische Tiefebene, ebenfalls ein Becken, wird durch das Prešov-Slávsko-Gebirge zweigeteilt, in den westlichen Kessel von Prešov und die östliche Potisker Niederung. Die Tertiärfüllung begann im Unteren Miozän, wahrscheinlich mit dem Unteren Burdigal. Die Ablagerungsfolge wechselt sehr stark zwischen pelitischen und sandigen Sedimenten, in die Salzablagerungen, Tuffe, Vulkanite, Lignite und Schotter eingeschaltet sind. Mächtigkeitsangaben liegen nicht vor. Auch hier herrscht ein komplizierter tektonischer Bau. Drei generelle, altersungleiche Bruchsysteme werden genannt: die NW—SE-Richtung (Karpaten), die radiale NE—SW-Richtung und die jüngere N—S-Richtung.

Nach der gleichlautenden Arbeit von KOZEL & KOLESÍK, Hodonin, aus: „Geologický průskum" 9 (1967), S. 255—259.
Übers.: W. GRÖSSL, Berlin.

Nach tektonischen Einheiten wird das gesamte Becken in drei Teile untergliedert.

2. Die erzielten Ergebnisse

Der am besten erkundete Bereich ist das Wiener Becken. Die Sucharbeiten in der neogenen Beckenfüllung sind praktisch abgeschlossen, die Tiefenerkundung befindet sich im vorgerückten Stadium. Der hohe Grad der Erforschtheit wird durch einen erheblichen Umfang an durchgeführten Arbeiten charakterisiert. Auf 1 km² Fläche entfallen 1,06 km seismische Profile, 356,9 m Strukturbohrungen und 514,5 m Erkundungsbohrungen. Erkundet wurden insgesamt 52 Strukturen, von denen 29 als KW-Akkumulationen festgestellt wurden. Zu den größten Erdgaslagerstätten gehören Vysoká, Suchohrad und Láb, zu den Erdöllagerstätten Hrušky, Gbely, Hodonín und Závod. Hinsichtlich der KW-Vorkommen ist das Torton am wichtigsten und reichsten. Sein bedeutendster Kollektor ist der Lábsker Horizont, der regionale Verbreitung besitzt. An ihn sind die wichtigsten Lagerstätten, ganz besonders Erdgaslagerstätten, gebunden.

Auf das Torton entfallen 78% der festgestellten Kohlenwasserstoffvorräte, wobei die Erdgashöffigkeit bei weitem über die Erdölhöffigkeit dominiert. An zweiter Stelle folgt das Sarmat, in dem ebenfalls die Erdgashöffigkeit überwiegt. Im Pannon wurden lediglich Erdgasakkumulationen erkundet. Im Karpat und Burdigal, an Vorratsmenge am ärmsten, wurden Erdöl- und Erdgasakkumulationen festgestellt. Im Flyschliegenden des nördlichen Beckenteils, in dem die Erkundung im beschränkten Umfang gleichzeitig mit der des Neogens durchgeführt wurde, wurden KW-Akkumulationen nur untergeordneter wirtschaftlicher Bedeutung vorgefunden. Die Erkundung des Mesozoikums des Beckenliegenden erfolgte erst im Jahre 1962. Die bisher durchgeführten Erkundungen zeitigten bezüglich neuer Lagerstätten keine positiven Ergebnisse. Insgesamt wurden im Wiener Becken ungefähr 3 Mill. t Erdöl und 11 Mrd. m³ Erdgas gefördert.

Im Podunajsker Becken wurden die regionalen Arbeiten im wesentlichen abgeschlossen. Fortgesetzt wurden hier Sucharbeiten und die Tiefenerkundung, besonders im nordwestlichen und südöstlichen Teil. Auf 1 km² Fläche entfallen hier 0,56 km seismische Profile, 71,6 m Struktur- und 9,4 m Erkundungsbohrungen. Mit den bisherigen Arbeiten wurden lediglich Akkumulationen von Kohlenwasserstoffgasen von lokaler Bedeutung ermittelt. Erdölakkumulationen konnten hier vorläufig nicht festgestellt werden. Die Ergebnisse weisen auf bestimmte negative Anzeichen hin, besonders auf die ungünstige lithofazielle Entwicklung der perspektivischen Schichten und auf das Vorhandensein von nichtbrennbaren Gasen, CO_2 und Stickstoff, die stellenweise überwiegen.

Im Ostslowakischen Becken konzentrieren sich die Such- und Erkundungsarbeiten auf die Potinská nížina. In letzter Zeit wurden die Sucharbeiten auch auf den Kessel von Prešov—Košice ausgedehnt. Auf 1 km Fläche entfallen 0,94 km seismische Profile, 214 m Struktur- und 39,7 m Erkundungsbohrungen. Durch die bisher durchgeführten Arbeiten wurde das industrielle Interesse an der Potinská nížina geweckt, wo Erdgasakkumulationen bei den Strukturen von Trhovište—Pozdišovce, Stretava, Ptrukša und Bánovec ermittelt wurden. Die produktiven Horizonte liegen im Torton und im Sarmat.

In der Karpatensenke konzentrieren sich die Such- und in geringem Umfang auch die Erkundungsarbeiten auf deren südlichen Teil, vor allem auf den Bereich entlang der Stirnseite der Ždanicker Überschiebung. Hier entfallen auf 1 km² Fläche 0,4 km seismische Profile, in der Strukturerkundung 39 m und in der Tiefenerkundung 2,9 m Bohrungen. Es wurden wenig befriedigende Ergebnisse erzielt. Die Mächtigkeit der Neogensedimente ist hier stellenweise unbedeutend und deren lithofazielle Entwicklung durchweg wenig günstig. Eine kleinere Akkumulation eines schweren, asphalthaltigen Erdöls wurde lediglich in der Gegend von Měnín—Žatčany festgestellt. Grundlegend günstigere Ergebnisse sind in der Gegend von Ostrava vorhanden, wo eine Reihe von Erdgaslagerstätten mit produktiven Horizonten im Karpat und der Lanzendorfer Serie sowie in der verwitterten Oberfläche des Karbons festgestellt wurde. Ein Großteil dieser Lagerstätte wurde bei der Kohlenerkundung entdeckt. Im Karpatenflysch sind Such- und Erkundungsarbeiten nur in geringem Umfang durchgeführt worden. Es wurden, außer zahlreichen KW-Anzeichen, keine bedeutenden Lagerstätten ermittelt.

3. Weitere Perspektiven

Im Wiener Becken kann man die weiteren Perspektiven in der Neogenfüllung in zwei Gruppen einteilen. Zur ersten Gruppe gehören die Verbreitung und die Abgrenzung der produktiven Horizonte an den Strukturen, bei denen bereits Akkumulationen entdeckt wurden. Zu ihr gehört die Beendigung der Tiefenerkundung in den Bereichen von Hrušky—Josefov, Podvoro, Studienka—Závod und Cunín. Zur zweiten Gruppe zählen Strukturen oder Flächen, die bislang nicht erkundet wurden oder wo Tiefenerkundungen nur in beschränktem Umfang durchgeführt wurden. Es sind dies vor allem der nördliche und südliche Abschluß der Mährischen Zentralsenke, der weitere Bereich von Gbely—Cunín, der weitere Bereich von Malacko—Studienec, der Plavecko—Zchorsker sowie der Kútsker Graben. Besondere Aufmerksamkeit verdient das Liegende des Wiener Beckens, vor allem die Teile, die aus Einheiten der Zentralkarpaten bestehen, in denen im österreichischen Teil große Erdölvorräte nachgewiesen worden sind.

Im Ostslowakischen Becken ist durch Tiefenerkundung nur ein Teil der Potinská nížina erfaßt worden. Da hier bereits Akkumulationen von Erdgas im östlichen Teil an vier Strukturen erkundet wurden, kann man voraussetzen, daß hier weitere Erdgaslagerstätten vorhanden sind. Die Perspektiven sind vor allem an die Kapušansko-Michalovec-Erhebung und den Bereich der zentralen Depression gebunden; des weiteren an den Kessel von Prešov—Košice. Die bisherigen Erkenntnisse lassen die Schlußfolgerung zu, daß auch hier Erdöl- und Erdgaslagerstätten möglich sind.

Im Podunajsker Becken ist die Situation durch eine Reihe erdölgeologisch ungünstiger Faktoren kompliziert. Als perspektivisch muß man besonders den nördlichen und östlichen Teil ansehen, da hier neogene Schichten von größerer Mächtigkeit anstehen.

Der Bereich des Karpatenflyschs ist trotz der zahlreichen KW-Anzeichen perspektivisch geringer zu bewerten als das Becken des Karpaten-Neogens. Lithologische und tektonische Faktoren begrenzen z. Z. die Such- und Erkundungsarbeiten in diesem Bereich, der flächenmäßig der größte auf dem Gebiet der ČSSR ist. Weitere Untersuchungen sind im Gange, die sowohl die allochthonen als auch die autochthonen tektonischen Bauelemente zum Gegenstand haben.

Zur Problematik der Sucharbeiten auf Erdöl und Erdgas in der VR Polen in den letzten 15 Jahren

JAN ŻYTKA, Warszawa

Die Entwicklung der Such- und Erkundungsarbeiten auf Erdöl-Erdgas-Lagerstätten nahm in der VR Polen in der Zeit nach 1945 einen wechselnden Verlauf. Nach anfänglichen Mißerfolgen wurden die richtigen Methoden für die systematische Untersuchung des Baues, der Entwicklung und der Höffigkeit der Sedimentbecken herausgearbeitet und eine Reihe wesentlicher Erfolge erzielt.

Die erste Etappe der Such- und Erkundungstätigkeit

In den ersten Nachkriegsjahren konzentrierte sich die Erdölwirtschaft zunächst auf den Wiederaufbau der zerstörten Objekte und Anlagen sowie auf die Wiederaufnahme der Erdöl- und Erdgasförderung zumindest in solchem Umfang, wie es die überwiegend erschöpften Lagerstätten zuließen. Der Geologische Dienst nahm schon in den ersten Monaten nach der Befreiung seine Tätigkeit auf. Bei der Entwicklung der Suchtätigkeit entstanden erhebliche Schwierigkeiten durch den Mangel an Kadern sowie fehlende technische, materielle und finanzielle Mittel. Mit Suchbohrungen in einem geringen Umfang wurde im Ostteil des Karpatenvorlandes, der relativ am besten untersucht war, begonnen.

Die ersten Bohrarbeiten in der Karpatenvorsenke, in der Südumrahmung der Góry Świętokrzyskie und in der Polnischen Tiefebene, die ohne vorhergehende seismische Vorbereitung durchgeführt wurden, lieferten keine Ergebnisse, aus denen Rückschlüsse über die weitere Richtung der Sucharbeiten hätten abgeleitet werden können.

Die Arbeiten in dieser schwierigen Periode führten zu einem geringen Zuwachs der Erdölvorräte in den Karpaten sowie zur Entdeckung der außerhalb der Karpaten gelegenen Erdgaslagerstätten von Dębowiec, im Westteil der Karpatenvorsenke.

Eine erste gründliche Analyse der Problematik und der Methodik der Durchführung von Sucharbeiten im zurückliegenden Zeitraum wurde bei der Ausarbeitung des Entwurfs des Sechsjahrplanes (1950—1955) vorgenommen. Die Durchführung umfangreicher regionaler Untersuchungen des Untergrundes mit Hilfe geophysikalischer und geologischer Methoden wurde dabei als notwendig erachtet.

Im Ergebnis dieser Arbeiten wurden in den Karpaten eine Reihe kleinerer Erdöllagerstätten, eine Erdgaslagerstätte sowie die Gasführung tieferer Horizonte in einer der gasführenden Strukturen nachgewiesen. Der Gesamtzuwachs an Vorräten im Zeitraum von 1950 bis 1955 war jedoch niedriger als geplant.

Die Ursache lag hauptsächlich darin, daß der geologische Tiefenbau der Flyschstrukturen weitaus komplizierter war, als ursprünglich auf Grund des oberflächennahen Strukturbildes angenommen wurde.

Für die systematische Erhöhung der Förderung unter den Bedingungen der Karpaten waren weitere Entdekkungen erforderlich, die jedoch weder zu einem Zeitpunkt noch in einem solchen Umfang erfolgten, um die Planaufgabe zu erfüllen. Die Ansicht über die sehr hohe Perspektivität der Karpaten, die in jenem Zeitraum die starke Konzentration der Arbeiten in diesem Gebiet bestimmte, war falsch. Diese Erfahrung wurde jedoch erst durch die negativen Ergebnisse bei der Suche und Erkundung gewonnen.

Nach einer kritischen Analyse wurde daher festgelegt, weitere Sucharbeiten nicht ausschließlich in den Karpaten zu konzentrieren, sondern auch die Vorkarpatensenke sowie einige Gebiete der Tiefebene mit zu erfassen. Dabei wurde gleichzeitig vorgesehen, in diesen neuen Gebieten, mit einem vollkommen anderen Baustil als dem der Karpaten, bei Sucharbeiten geophysikalische Untersuchungsmethoden und vor allem die Seismik einzusetzen.

Im Zuge der Realisierung dieser Schlußfolgerungen wurde zu Beginn des Jahres 1955 der Geophysikalische Betrieb der Erdölindustrie gegründet.

Die Erarbeitung wissenschaftlicher Grundlagen für die weitere Suchtätigkeit

Im Ergebnis der Vermessung der ersten Profile begannen sich konkrete Konturen des Tiefenbaus der regionalen strukturgeologischen Einheiten in der Karpatenvorsenke und in der Polnischen Tiefebene abzuzeichnen. In ihnen wurden bald durch seismische Messungen die ersten lokalen geologischen Strukturen entdeckt. Außer der eingehenden seismischen Aufnahme im Ostteil der Vorkarpatensenke und auf den Strukturen Mogilno und Chojnice in der Tiefebene wurden

Aus: „Przegląd Geologiczny“, Nr. 11 (1967), 494—501.
Gekürzt und bearbeitet von H. HETZER, Berlin.

regionale Arbeiten in der vorsudetischen Monoklinale, im Mogilno—Łódźer, Pommerschen und Warschauer Synklinorium durchgeführt. In den genannten Gebieten wurden gleichfalls nach einer mehrjährigen Pause einige Basisbohrungen niedergebracht. Damit begann eine neue Periode, in der mit der Untersuchung der exakten Grundlagen für die Entwicklung der Sucharbeiten auf Erdöl angefangen wurde.

Ein wichtiges Ereignis, das große Bedeutung für die Konkretisierung der Richtungen der Sucharbeiten auf Erdöl und Erdgas für eine Reihe von Jahren im voraus hatte, war die vom Geologischen Institut vorgenommene Rayonierung des Landes. Auf ihrer Grundlage wurde eine gründliche Charakteristik der einzelnen regionalen strukturgeologischen Einheiten erreicht, die von der zusammenfassenden Analyse der Ergebnisse der regionalen magnetometrischen und gravimetrischen Aufnahmen, einiger regionaler seismischer Profile und einiger Dutzend Bohrungen, die den Charakter von Basisbohrungen hatten, ausging.

In den Jahren 1956—1960 nahmen der Umfang der regionalen geophysikalischen Untersuchungen und die Anzahl der Bohrungen, die von den Betrieben des Zentralamts für Geologie ausgeführt wurden, bedeutend zu. Diese Untersuchungen wurden hauptsächlich in der Polnischen Tiefebene durchgeführt.

Der Nachweis der Erdgasführung in den mesozoischen Ablagerungen im Gebiet Lubaczów sowie in den miozänen Schichten der Gebiete von Jarosław, Przemyśl und Dąbrowa Tarnowska bildete den Beginn eines beschleunigten Vorantreibens der Sucharbeiten auf Erdgaslagerstätten in der Karpatenvorsenke. Das waren die ersten Maßnahmen im Nachkriegszeitraum, die einen entscheidenden Einfluß auf die Einschätzung der Perspektiven der Gasführung der miozänen Schichtenkomplexe und der mesozoischen Ablagerungen in der Karpatenvorsenke ausübten.

Die Entwicklung der Arbeiten im Zeitraum 1957—1965

Im Jahre 1957 fanden erstmalig in der VR Polen Beratungen der Arbeitsgruppe der Ständigen Kommission für die Erdöl- und Erdgasindustrie des Rates für Gegenseitige Wirtschaftshilfe unter Beteiligung von Geologen der Mitgliedsländer statt. Gegenstand der Beratungen waren die Analyse der Effektivität der geologischen Such- und Erkundungsarbeiten, die in den Nachkriegsjahren in der VR Polen durchgeführt wurden, und weiterhin die Ausarbeitung von Empfehlungen zu ihrer weiteren Entwicklung.

Die Ergebnisse und Empfehlungen dieser beiden Beratungen wurden bei der Aufstellung von Plänen für geologische Sucharbeiten und deren Projektierung verwendet. Die Empfehlungen betrafen vorwiegend die Einschätzung der Perspektiven der einzelnen regionalen strukturgeologischen Einheiten auf Grund der Analogie mit den geologischen Verhältnissen der Nachbarländer, die Hauptrichtungen der Sucharbeiten auf Erdöl- und Erdgaslagerstätten und ihre Methodik.

Ein Ergebnis dieser Arbeiten war die quantitative Bewertung der Perspektiven der Erdöl-Erdgas-Führung des Landes durch die Berechnung der prognostischen Vorräte an Erdöl und Erdgas. Diese Bewertung wies auf die großen Möglichkeiten der Entdeckung von Erdöl- und Erdgaslagerstätten in den drei Hauptgebieten hin, d. h. in der Polnischen Tiefebene, in der Karpatenvorsenke und in den Karpaten.

Im Hinblick auf die territoriale Erstreckung, die geologischen Verhältnisse und eine Reihe anderer positiver Faktoren wurde die Perspektivität der Tiefebene am höchsten bewertet; ihr folgten die Karpatenvorsenke und die Karpaten.

Nach der positiven Diskussion und Begutachtung auf einer speziell zu diesem Zwecke einberufenen Beratung einer Arbeitsgruppe der Ständigen Kommission für die Erdöl- und Erdgasindustrie des RGW in Moskau im Jahre 1961 bildeten die Bewertung der prognostischen Vorräte sowie die industriellen Suchergebnisse der vergangenen Jahre die Grundlage dafür, den ursprünglich für den Zeitraum 1961—1965 geplanten Umfang der Mittel für Sucharbeiten auf Erdöl zu erhöhen.

Ende 1961 wurde die erste Erdöllagerstätte in der Nähe von Krosno an der Oder im Hauptdolomit des Zechsteins entdeckt. Dieses Ergebnis bewirkte eine Intensivierung der Sucharbeiten im Vorsudetengebiet. Im Ergebnis der Erkundungsarbeiten stellte sich heraus, daß die Lagerstätte geringe Vorräte besitzt, in einer Zone mit kompliziertem Blockbau liegt und die erdölführende Schicht des Hauptdolomits sehr veränderliche Speichereigenschaften aufweist. Durch weitere Sucharbeiten auf der Vorsudetischen Monokline wurden in den Jahren 1961—1965 noch zwei kleine Gaslagerstätten gleichfalls im Hauptdolomit in der Nähe von Nowa Sala entdeckt.

Der größte Erfolg der Sucharbeiten in der Polnischen Tiefebene war jedoch im Jahre 1965 der Nachweis einer industriellen Erdgasführung in den Ablagerungen des Rotliegenden im Ostteil der Vorsudetischen Monoklinale in der Nähe von Ostrów Wielkopolski. Diese Entdeckung besitzt grundlegende Bedeutung und ist darüber hinaus ein Beweis für die große Höffigkeit des Rotliegenden und des Zechsteins im Vorsudetengebiet.

Sehr gute Ergebnisse wurden bei Such- und Erkundungsarbeiten in der Vorkarpatensenke erzielt. Sie beruhen auf der Entdeckung der größten Erdgaslagerstätte der VR Polen im Gebiet von Przemyśl in den Ablagerungen des Miozäns und auf der Erkundung einiger kleinerer Erdgaslagerstätten im Miozän, dem Abschluß der Erkundung einiger entdeckter Gaslagerstätten sowie auf der Entdeckung der größten Erdöllagerstätten der VR Polen im Gebiet nördlich von Bochnia in den Ablagerungen der Oberen Kreide und des Oberen Juras.

Die nachfolgende Tabelle gibt eine Übersicht über die Entwicklung der Such- und Erkundungsarbeiten sowie der Erdöl- und Erdgasförderung im Zeitraum von 1945 bis 1965.

Ohne Übertreibung kann man feststellen, daß in den Jahren 1961—1965 bereits die Früchte der in den vorangegangenen Jahren vorgenommenen grundlegenden Änderung der Suchrichtungen und deren Stützung auf modernste seismische Grundlagen geerntet wurden. Jedoch wurden hohe Vorratsergebnisse lediglich in der Karpatenvorsenke und im Prinzip nur für Erdgas erreicht. Der Vorratszuwachs an Erdöl spielt noch keine grundsätzliche Rolle in der Volkswirtschaft. In der Tiefebene wurden noch keine Erdöllagerstätten von wesentlicher industrieller Bedeutung entdeckt.

Tab. 1. Entwicklung der Erdöl-Erdgas-Erkundung und -Förderung in der VR Polen

	1945	1950	1955	1960	1961	1962	1963	1964	1965	1945–1965 gesamt
Such- und Erkundungsbohrungen in km	0,6	52,9	53,8	127,8	140,3	169,9	181,3	209,6	265,5	1909,6
Produktionsbohrungen in km	11,6	53,7	34,9	12,3	20,2	27,7	44,7	69,9	55,1	730,3
Bohrungen insgesamt in km	12,2	106,6	88,7	140,1	160,5	197,6	226,0	279,5	320,6	2639,9
Erdölförderung in kt	105,5	161,9	179,8	194,4	202,6	202,5	212,5	282,0	338,8	3889,7
Erdgasförderung in Mill. m^3	136,6	182,5	393,3	541,4	722,3	791,3	945,2	1180,4	1311,9	9715,9

Probleme bei der Forcierung der Such- und Erkundungsarbeiten

Das Gesamtergebnis der Sucharbeiten auf Erdöl im Zeitraum 1961–1965 konnte, obgleich es im Vergleich zu den vorangegangenen Jahren wesentliche Fortschritte erkennen ließ, noch nicht befriedigen. Ein weiterhin ungelöstes Problem bleibt die Entdeckung großer Erdöllagerstätten, die in hohem Grade Einfluß auf die Primärenergiestruktur des Landes haben könnten.

Bei den geophysikalischen Arbeiten traten große Schwierigkeiten in der Ermittlung repräsentativer Informationen über die Ablagerungen in den tieferen Strukturstockwerken auf. Besonders große Schwierigkeiten ergaben sich bei der Untersuchung der Lagerung der höffigen Horizonte des Zechsteins und der Sandsteinkomplexe des Rotliegenden in der Vorsudetischen Monoklinale, der mesozoischen und paläozoischen Ablagerungen in der Karpatenvorsenke und in der Miechówer Senke sowie in den Karpaten bei der Untersuchung der Flyschformationen sowie des Flyschuntergrundes.

Ein Ausdruck des Bestrebens, die Schwierigkeiten in der Seismik zu überwinden, waren das Suchen nach neuen, erfolgreicheren Modifikationen der methodischen Geländearbeiten und die Ergänzung der technischen Ausrüstung der Trupps zwecks Verbesserung der Bedingungen zur Erzeugung und zum Empfang der seismischen Wellen. Zugleich sind einige neue Methoden zur Interpretation der Meßergebnisse ausgearbeitet worden.

Einer kritischen Analyse wurden die Methoden und die Technologie des Erreichens und der Bemusterung der höffigen oder produktiven Horizonte unterzogen, hauptsächlich in Verbindung mit Mißerfolgen, die sich bei der Untersuchung des Zuflusses aus klüftigen Karbonatschichten zeigten. Es wurde begonnen, die Anforderungen in bezug auf die notwendige umfassendere Anwendung von Probenahmegeräten sowie in bezug auf eine bedeutende Zunahme der verschiedensten Mittel zur Einwirkung auf die die Bohrung umgebende Zone zur Verbesserung ihrer Filtrationseigenschaften zu erhöhen.

Von den wichtigsten Dokumentationen des Zeitraums 1962–1965 ist die vom Geologischen Institut unter Beteiligung einer Gruppe von Geophysikern der Erdölindustrie erarbeitete Einschätzung der Ergebnisse der regionalen Arbeiten in der Polnischen Tiefebene zu erwähnen. Diese Arbeit enthält eine gründliche komplexe Analyse aller geophysikalischen und geologischen Informationen über den Tiefenbau der einzelnen strukturgeologischen Einheiten, synthetisch-graphische und tabellarische Materialien, eine Darstellung der Perspektiven der Erdöl- und Erdgasführung der einzelnen Systeme und Struktureinheiten sowie eine Begründung für die Richtungen der weiteren geologischen Sucharbeiten. Auf dieser Grundlage arbeitete im Jahre 1963 eine Spezialistengruppe des Geologischen Instituts und der Erdölindustrie ein „Programm der weiteren Forschungs- und Sucharbeiten auf dem Gebiet der Polnischen Tiefebene in den Jahren 1964–1970“ aus.

Die Gegenüberstellung in der Tab. 2 verdeutlicht die Verteilung der Such- und Erkundungsbohrungen im Zeitraum 1956–1965.

Tabelle 2

	1956–1960		1961–1965	
	Tausend m	%	Tausend m	%
Polnische Tiefebene	141,7	30,8	381,2	39,4
Vorkarpatensenke	227,2	49,4	491,4	50,8
Karpaten	91,2	19,8	94,0	9,8
insgesamt	460,1	100,0	966,6	100,0

Die Entdeckung von Erdöllagerstätten in der Karpatenvorsenke und ihre Einbeziehung in die Exploitation hatten einen bedeutenden Zuwachs des Anteils dieser Region an der Gesamtförderung zur Folge. Dieser Anteil betrug im Jahre 1961 ca. 16% und im Jahre 1965 bereits 49%. Die entsprechenden Zahlen für die Karpaten betragen 83 und 45%. Der Anteil der Karpatenvorsenke an der Gasförderung betrug im Jahre 1961 ca. 65%, und in den Jahren 1961–1965 stieg er auf 86% an.

Zur Entwicklung der nationalen und internationalen Zusammenarbeit bei den Sucharbeiten auf Erdöl und Erdgas

Alle wichtigen Aufgaben der angeführten Arbeiten, die komplexe Analyse des Untersuchungsstandes der Landesteile, die Aufstellung von Jahresplänen und mehrjähriger Programme der geologischen Sucharbeiten, die Einschätzungen der prognostischen Vorräte und eine Reihe anderer erdölgeologischer Arbeiten wurden von Arbeitsgruppen ausgeführt, zu denen Spezialisten des Geologischen Instituts sowie der Erdölindustrie gehörten.

Die Zusammenarbeit des Geologischen Dienstes der Erdölindustrie mit dem Geologischen Institut erstreckte sich auf viele aktuelle Probleme sowie auch auf die künftige Problematik. Bei wesentlichen Fragen traten wiederholt Meinungsverschiedenheiten auf, besonders in bezug auf die Probleme der Methodik, die Richtungen regionaler und Sucharbeiten sowie ihre spezifischen geologischen Aufgaben. Die Ansichten beider Seiten wurden auf Arbeitsberatungen, Konferenzen, wissenschaftlichen Sitzungen und auf Tagungen von Gruppen der Kommission für die Bewertung geologischer Forschungsprojekte des Zentralamts für Geologie gründlich diskutiert.

In diesen Diskussionen wurden oft auf sachliche Weise Ansichten konfrontiert, im Ergebnis derer man zu einer Übereinstimmung der Standpunkte und zu einem einheitlichen Handeln in allen wichtigen Angelegenheiten gelangte. Das war besonders für einen großen Teil der jungen Kader eine gute Schule, da sie auf diese Weise lernten, eigene Ansichten darzulegen, sie zu modifizieren und nicht nur mit theoretischen Argumenten zu verteidigen, sondern mit Argumenten, die sie aus eigener Erfahrung und der Beteiligung an der Durchführung der Arbeiten gewonnen hatten.

Besonders hervorgehoben werden muß die Rolle, die das Zentralamt für Geologie bei der gemeinsamen Ausarbeitung von Vorschriften und Instruktionen zur Durchführung geologischer und geophysikalischer Arbeiten, der Dokumentation ihrer Ergebnisse, der Abstimmung von Problemen der wissenschaftlich-technischen Entwicklung sowie der wissenschaftlichen Forschungskapazität der Geologie, der Thematik der wissenschaftlichen Forschungsarbeiten und des technischen Fortschritts sowie der Vorbereitung von Monographien in bezug auf beide Seiten interessierende Probleme spielte.

Außerordentliche Bedeutung für die Sucharbeiten auf Erdöl hat die gesetzgeberische Tätigkeit des Zentralamts für Geologie. Die herausgegebenen rechtlichen Fixierungen und Ausführungsbestimmungen verleihen der geologischen Tätigkeit bei der Erdölgewinnung den ihr gebührenden Rang und sanktionierten sie auch im juristischen Sinne als gleichwertig mit anderen Tätigkeitsarten. Ein Ergebnis dessen ist, daß die Stellung der Geologie in der Erdölförderung beträchtlich an Bedeutung zunahm.

Eine Zusammenarbeit oder zeitweilige Kontakte in bezug auf die erdölgeologische Problematik bestanden auch mit Lehrstühlen und Einrichtungen der Fakultät für geologische Erkundung der Akademie für Berg- und Hüttenwesen in Kraków, den geologischen Fakultäten der Warschauer und Wrocławer Universität sowie den geologischen Institutionen anderer Ressorts, die sich mit geologischen Fragen beschäftigen. Weiter entwickelte sich eine breite Zusammenarbeit der Erdölgeologie mit dem Institut für Geologische Wissenschaften der Polnischen Akademie der Wissenschaften auf dem Gebiet der Bearbeitung von Bohrergebnissen unter dem Aspekt der Lösung grundlegender Probleme.

Schon seit einer Reihe von Jahren arbeitet das Erdölinstitut Kraków mit analogen Instituten der DDR, der ČSSR und der VR Ungarn in der Erdölgeologie zusammen und beteiligt sich im Rahmen des RGW u. a. an der Realisierung der geologischen wissenschaftlichen Forschungsthematik, die die Untersuchung der Perspektiven der Erdöl- und Erdgasführung sedimentärer Formationen, die Gesetzmäßigkeiten der Verteilung von Kohlenwasserstoffakkumulationen sowie die komplexe Untersuchung der volumetrischen und Filtrationseigenschaften klüftiger Gesteine u. a. umfaßt.

Seit zwei Jahren existieren Kontakte mit den sowjetischen wissenschaftlichen Forschungsinstituten WNI-Geofisika und WNIGNI.

Auf dem Gebiet der Untersuchung des Baues und der Perspektiven der Erdöl-Erdgas-Führung der an die UdSSR angrenzenden benachbarten Gebiete wird durch Beteiligung an der Realisierung der zwischen dem Zentralamt für Geologie und dem Ministerium für Geologie der UdSSR getroffenen Abkommen mit wissenschaftlichen Forschungsinstituten und Betrieben, die eine geologische Tätigkeit sowie Sucharbeiten auf Erdöl im Grenzgebiet UdSSR—VR Polen durchführen, zusammengearbeitet.

Eine enge Verbindung besteht schon seit einer Reihe von Jahren mit dem Zentralen Geologischen Institut, der VVB Erdöl—Erdgas und den Erdöl-Erdgas-Erkundungsbetrieben der DDR, insbesondere hinsichtlich der Einschätzung der Erdöl-Erdgas-Höffigkeit der Norddeutsch—Polnischen Senke und der Erkundung von Erdöl-Erdgas-Lagerstätten im Grenzgebiet VR Polen—DDR.

Die Entwicklung der Erdöl-Erdgas-Erkundung im Zeitraum 1965—1970

Das Programm zur Entwicklung der Erdölindustrie im Zeitraum von 1965—1970 wurde nach umfassender Diskussion und Vervollkommnung zur Ausgangsbasis für die Vorbereitung eines Abkommens zwischen der Regierung der VR Polen und der Regierung der UdSSR über die Mitwirkung der UdSSR bei der Entwicklung der polnischen Erdölindustrie, das am 3. Juni 1964 in Warschau unterzeichnet wurde.

Entsprechend diesem Abkommen erweist die UdSSR in den Jahren 1964—1970 der VR Polen ökonomische und wissenschaftlich-technische Hilfe bei geologischen Such- und Erkundungsarbeiten auf Erdöl und Erdgas.

Die Richtungen der Sucharbeiten wurden unter Berücksichtigung der 1960—1964 vorgenommenen Bewertung der prognostischen Vorräte, der Ergebnisse der Suche und Erkundung im Zeitraum bis 1964 sowie der Zunahme des Grades der geologischen Untersuchungen des Landes festgelegt. Der überwiegende Teil der Mittel ist für Sucharbeiten in der Polnischen Tiefebene bestimmt, wo beabsichtigt ist, im Fünfjahrplan ca. 90% der seismischen Arbeiten sowie ca. 60% des Umfangs an Such- und Erkundungsbohrungen auszuführen. Der Umfang von Bohrungen in den Karpaten wird auf dem Stand von ca. 10% aller Bohrmeter gehalten.

Um diese Entwicklung der Arbeiten zu gewährleisten, mußte ein Ausbau der wissenschaftlich-technischen Basis der Erdölerkundung und -förderung vorgenommen werden. Es ist geplant, die Erkundungsbetriebe in Piła, Jasło und Kraków sowie die geophysikalischen Betriebe der Erdölindustrie zu erweitern und neue Erkundungsbetriebe in Wołomin und Zielona Góra sowie einen neuen geophysikalischen Betrieb in Toruń zu schaffen.

Weitere Maßnahmen wurden für den Ausbau der Reparatur- und Ausrüstungswerke sowie für die Entwicklung eines umfassenden Qualifizierungssystems vorgesehen.

Von wesentlicher Bedeutung für die Seismik und die Bohrtätigkeit ist die Entsendung sowjetischer Spezialisten in die Organisationseinheiten für Sucharbeiten auf Erdöl und die geophysikalischen Betriebe. Infolgedessen konnten die beträchtlichen Schwierigkeiten, die durch den Mangel an Kadern mit entsprechender Qualifikation und Erfahrung hervorgerufen wurden, beseitigt werden. Im Jahre 1965 betrug die Zahl der sowjetischen Spezialisten 180. In den Jahren 1966 bis 1967 stieg sie auf ca. 210, davon arbeiten 110 im Bohrwesen und 95 in der Geophysik.

Im Zusammenhang mit den wachsenden Aufgaben der Erdölgewinnung im laufenden Fünfjahrplan wurden die Erdölinstitute in Kraków und Krosno erweitert. Zu gleicher Zeit wurden in diesen Instituten organisatorische Veränderungen durchgeführt, die ihre bessere Anpassung an das derzeitige und künftige Profil der wissenschaftlichen Forschungsarbeiten gewährleisten. Der Ausbau des Erdölinstituts wird etappenweise und entsprechend dem künftigen Bedarf, der aus der voraussichtlichen Entwicklung der Such-, Erkundungs- und Fördertätigkeit im Zeitraum nach 1970 resultiert, fortgeführt.

Die Durchführung der Such- und Erkundungsarbeiten sowie der regionalen Untersuchungen auf Erdöl verlief in den Jahren 1965—1966 entsprechend den Vereinbarungen der polnisch-sowjetischen Spezialistengruppe. Im Jahre 1966 wurden 327200 m Such- und Erkundungsbohrungen sowie 19200 m Produktionsbohrungen (zusammen 346400 m) niedergebracht, 7625 km seismische Profile vermessen, 400400 Tonnen Erdöl und 1289300 Mill. m^3 Erdgas gefördert. Ein Zuwachs der Erdölvorräte wurde durch die Lagerstätte im Gebiet Bochnia, eine Vergrößerung der Erdgasvorräte durch die Lagerstätten im Gebiet Ostrów Wielkopolski sowie im Gebiet von Leżajsk erreicht. Die Zahl der lokalen geologischen Strukturen, die durch seismische Arbeiten in den Nachkriegsjahren entdeckt wurden, erreichte Ende 1966 die Höhe von 323.

Die Mehrzahl dieser Strukturen wurde in den mesozoischen Ablagerungen nachgewiesen, lediglich ca. 30 in den Ablagerungen des präpermischen Paläozoikums.

Man muß jedoch auch die Tatsache zur Kenntnis nehmen, daß im Jahre 1966 keine Erdöllagerstätten von industrieller Bedeutung entdeckt wurden. Nachgewiesen wurden lediglich Anzeichen flüssiger Kohlenwasserstoffe in den höffigen Ablagerungen der Polnischen Tiefebene.

Die grundsätzlichen Probleme der weiteren Such- und Erkundungstätigkeit

Im IV. Quartal 1966 nahm die polnisch-sowjetische Spezialistengruppe eine erneute Analyse der Ergebnisse der in den Jahren 1964—1966 ausgeführten Arbeiten vor und erarbeitete Empfehlungen für die Jahre 1967 bis 1970. In dem Gutachten der Gruppe wurden die erzielten Ergebnisse regionaler Forschungen sowie der Such- und Erkundungsarbeiten in allen Regionen eingehend behandelt, die Richtungen und Ziele der weiteren Arbeiten konkretisiert, die Aufgaben für alle beteiligten und interessierten Stellen (Ministerium für Bergbau und Energiewirtschaft und Zentralamt für Geologie) abgesteckt, die Schwierigkeiten, die sich auf die Realisierung der Aufgaben negativ auswirkten, behandelt sowie Empfehlungen zur Beseitigung oder Minderung dieser Schwierigkeiten gegeben.

Im Grunde blieben die Hauptaufgaben, Richtungen und Bereiche der geologischen Such- und Erkundungsarbeiten, die in dem Programm von 1964 festgelegt wurden, für die folgenden Jahre des Fünfjahrplans aktuell. In den einzelnen geologischen Struktureinheiten wurden sie konkretisiert.

Die Empfehlungen umfassen:

1. eine Beschleunigung der regionalen Untersuchungen unter besonderer Berücksichtigung seismischer Profile und Basisbohrungen, eine Erweiterung des Umfangs an Methoden, die bei Untergrunduntersuchungen Verwendung finden, und die Anwendung einer komplexen Interpretation der erlangten Ergebnisse;
2. eine Erhöhung der Teufenkapazität und der Aussagen der Seismik bei Sucharbeiten und bei der Vorbereitung zum Erbohren lokaler geologischer Strukturen in Ablagerungen der unteren Strukturstockwerke durch bessere Ausnutzung der vorhandenen technischen Mittel sowie die Verwendung neuer Typen von Apparaturen, die Anwendung einer komplexen Interpretation der erhaltenen Ergebnisse mit Hilfe der Seismik, Gravimetrie und Geoelektrik;
3. die Untersuchung der Erdöl-Erdgas-Führung der lokalen Strukturen durch eine entsprechende Anzahl von Suchbohrungen, um das Vorhandensein oder das Fehlen von Erdöl- oder Erdgasakkumulationen definitiv entscheiden zu können;
4. die Erkundung von Erdgaslagerstätten mit der geringsten Anzahl an Erkundungsbohrungen und die breitere Anwendung dynamischer Methoden zur Berechnung der Erdgasvorräte;
5. die Vervollkommnung der Meß- und Interpretationsmethoden in der Bohrlochgeophysik sowie die Erweiterung des Sortiments der verwendeten Profilierungen;
6. eine beträchtliche Verbesserung der Technik und der Methodik zur Untersuchung auf Zufluß aus durchteuften Horizonten;
7. eine Erhöhung der Zahl der Bohranlagen mit einer Teufenkapazität bis zu 4500 m;
8. die Erweiterung der Thematik der polnisch-sowjetischen wissenschaftlich-technischen Zusammenarbeit bei der Vervollkommnung der Methodik der seismischen Arbeiten, der Bohrlochgeophysik, der Probenahme, und auf dem Gebiet der speziellen Untersuchungen in bezug auf die Einschätzung der Erdöl-Erdgas-Führung der untersuchten lokalen Strukturen und Gebiete.

Der Präsident des Zentralamts für Geologie und der Minister für Bergbau und Energiewirtschaft gaben eine Verfügung über die Fixierung der Bestimmungen und Empfehlungen des Gutachtens der polnisch-sowjetischen Spezialistengruppe als Grundlage für die Planung und Projektierung der Such- und Erkundungsarbeiten im Bereich beider Ressorts heraus. Entsprechend diesen Verfügungen fanden die Empfehlungen des Gutachtens in den Arbeitsplänen für 1967 und in den Planauflagen für 1968 eine möglichst vollständige Berücksichtigung.

Zeitschrift für angewandte Geologie, Bd. 15 (1969), Heft 6

Abgesehen von den bisher nicht voll befriedigenden Erfolgen ist die gegenwärtige Lage in der Erdölgeologie noch schwierig und kompliziert. Den Grad dieser Schwierigkeit bestimmen in hohem Maße solche Faktoren, wie die objektiven geologischen Verhältnisse, die wirtschaftliche Situation des Landes, der gegenwärtige organisatorisch-technische Stand und der Stand an Kadern für Sucharbeiten auf Erdöl sowie der Grad ihrer Vorbereitung auf die Erfüllung der wachsenden Aufgaben. Viele grundlegende Probleme wurden noch nicht gelöst. Die Realisierung künftiger Aufgaben verlangt eine Mobilisierung der Kräfte in den verschiedenen Tätigkeitsbereichen und zwingt zu der Notwendigkeit einer hohen Optimalisierung aller Arbeiten. Aus den Erfahrungen der Vergangenheit und des gegenwärtigen Standes der Sucharbeiten kann geschlußfolgert werden, daß der Weg zu neuen Erfolgen schwer sein wird. Dies um so mehr, als diese Erfolge nicht den derzeitigen, sondern den künftigen wirtschaftlichen Bedarf an Erdöl und Erdgas decken sollen.

Technisch-ökonomische Betriebsparameter des Untergrundgasspeichers Scholkowo

W. A. KAIGORODOW & W. P. KWASSOW, UdSSR

Die Entwicklung des in der Nähe von Moskau gelegenen Aquiferspeichers Scholkowo wurde bisher in den entsprechenden Veröffentlichungen stets unter Beachtung der geologisch-technischen Bedingungen dargestellt. Die vorliegende Arbeit gibt erstmalig die erforderliche ökonomische Analyse.

In diesem Zusammenhang sind u. a. folgende Aspekte hervorzuheben:

1. Um den Speicher möglichst schnell in den industriellen Betrieb überführen zu können, ist es während der ersten Jahre erforderlich, die Gasentnahme auf geringe Quoten zu beschränken.
2. Die ökonomischen Parameter unterliegen Veränderungen und können erst nach der gasdynamischen Erkundung, d. h. unter den Bedingungen des stabilisierten Betriebsregimes, eindeutig eingeschätzt werden. Dazu ist, bezogen auf die erste Gaseinpressung, ein Zeitraum von mehreren Jahren erforderlich.
3. Bei der Untergrundspeicherung von Gas bestehen die Selbstkosten überwiegend aus bedingt-konstanten Anteilen, die vom Speichergasvolumen unabhängig sind.

Vergleicht man schließlich die betriebsökonomische Analyse des mehrere Mrd. m^3 Gas fassenden Speichers Scholkowo mit Speicherfeldern, deren Kapazität nur einige hundert Mill. m^3 beträgt, so zeigt sich, daß die Behandlung der obengenannten Fragen prinzipiell gleichartig erfolgen muß und vom Gesamtvolumen unabhängig ist. Sie werden lediglich durch die geologischen Besonderheiten des jeweiligen Objekts modifiziert.

Zur Abdeckung der Gasverbrauchsschwankungen von Moskau dienen die Speicher Scholkowo und Kaluga, die nicht nur die saisonbedingten und täglichen Schwankungen ausgleichen, sondern ebenfalls stündliche Verbrauchsspitzen. Das ist besonders an Tagen mit plötzlichen Temperaturabfällen bedeutungsvoll, wobei die Gasentnahme aus beiden Speichern 15 bis $20 \cdot 10^6$ m^3/d erreicht. Weiterhin gewährleisten diese Speicher eine gleichmäßige Belastung des Fernleitungssystems Nordkaukasus—Zentrum.

Bei der Projektierung wurde das Gesamtvolumen des Speichers Scholkowo mit etwa 1,5 bis $1,8 \cdot 10^9$ m^3 Gas angegeben. Während des Betriebs wurde jedoch die Verbindung mit tieferliegenden sandigen Schichten festgestellt. Dadurch erhöhte sich das Speichervolumen auf 2,5 bis $2,8 \cdot 10^9$ m^3.

Die projektierte Einpreßleistung wurde ursprünglich mit $6 \cdot 10^6$ m^3/d angesetzt (beim Verdichtervordruck von 25 bis 40 kp/cm^2). Durch verschiedene Maßnahmen wurde die Leistung auf $9,5 \times 10^6$ m^3/d gebracht (1967). Die Erhöhung auf 16×10^6 m^3/d ist beabsichtigt.

Die projektierte Entnahmeleistung sollte beim Gesamtvolumen von $2,5 \cdot 10^9$ m^3 etwa 16

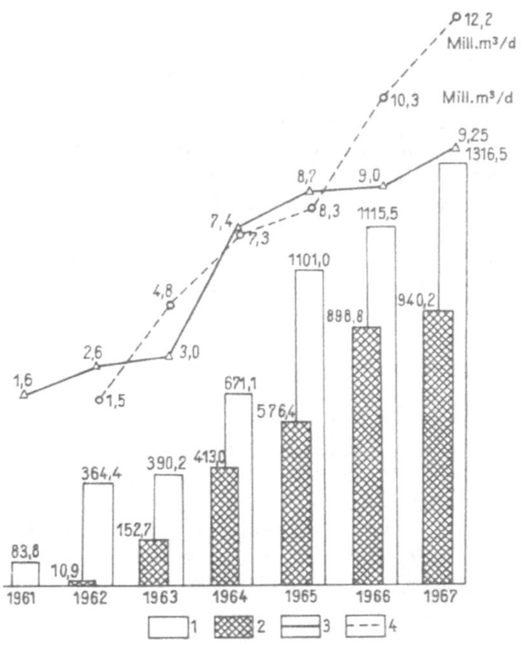

Abb. 1. Entwicklung des Untergrundgasspeichers Scholkowo

eingepreßtes Gasvolumen, 10^6 m^3: 1 — jährlich; 3 — täglich
Entnahmegasvolumen, 10^6 m^3: 2 — jährlich; 4 — täglich

Aus: „Gasowaja Promyschlenost", H. 11 (1968), S. 17—20.
Übers. und bearb.: W. LANGE, Ketzin.

Tabelle 1

Monat	Gesamtgas-volumen im Speicher Mill. m³	Zunahme der Gasentnahme Mill. m³	mittlere tägliche Entnahme Mill. m³	maximale tägliche Entnahme Mill. m³	Schichtdruck im Speicher kp/cm²	Anzahl der Betriebssonden
Oktober–November	2336,6	86,1	6,1	11,2	90,1	35
Dezember	2075,7	347,0	8,8	12,2	85,4	39
Januar	1775,4	647,2	9,8	12,0	80,5	45
Februar	1514,0	898,6	9,0	10,2	77,6	38
März–April	1299,9	1113,8	4,1	8,2	82,8	30

$\times\ 10^6$ m³/d betragen. Auf Grund der Komplikationen in den ersten Betriebsjahren (Sandaustrag, intensiver Wassereintritt in den Speicher usw.) wurde in der Periode 1967/1968 beim Speicherstand von $2{,}4 \cdot 10^9$ m³ eine Entnahmeleistung von $12{,}3 \cdot 10^6$ m/d erreicht (Abb. 1). Für die Perspektive ist eine maximale Abgabe von 16 bis $18 \cdot 10^6$ m³/d vorgesehen.

Tabelle 2

Parameter	projektiert	tatsächlich 1964	1965	1966	1967
durchschnittl. Volumen der Gaseinpressung und -entnahme	1000	538,0	838,0	1027,1	1128,0
Kapitalkosten 1000 Rbl.	15325,9	12017,4	12572,0	13954,0	14188,0
spezifische Kapitalkosten Rbl./1000 m³	15,3	22,3	15,0	13,6	12,0

In der Herbst/Winter-Periode 1967 bis 1968 war bereits die maximale tägliche Gasabgabe aus dem Speicher um 70% höher als die mittlere Tagesentnahme während der gesamten Entnahmeperiode (Tab. 1). Zur Sicherstellung der für Moskau erforderlichen Gasmengen ist es daher notwendig, das maximal mögliche Speichervolumen zu schaffen, die Anzahl der Sonden zu vergrößern, den Schichtdruck auf einem bestimmten Niveau zu halten und das intensive Eindringen von Wasser in die gasführende Zone im nordwestlichen Strukturteil zu unterbinden.

Die tatsächlichen Parameter wurden nach den Daten der Jahre 1964 bis 1967 berechnet, d. h., nachdem der Speicher stufenweise das projektierte Volumen überschritten hatte. Bei der Berechnung der Kapitalkosten (Tab. 2) wurden die geologischen Sucharbeiten, die Erkundungsbohrungen und die hydrodynamischen Untersuchungen nicht berücksichtigt.

Interessant ist der Vergleich der spezifischen Kapitalkosten für den industriellen Speicher und die Versuchsstation (Abb. 2). Bei Zunahme des Speichervolumens um das 5fache verringern sich die jährlichen Kapitalkosten für 1000 m³ eingepreßtes bzw. entnommenes Gas um 53%. Bei etwa 7fach vergrößertem Speichervolumen sinken die spezifischen Kapitalkosten um 60,2%.

Mit der Zunahme der Produktionsleistung des Speichers und des Auslastungsgrades erhöhte sich die Fondsabgabe. Sie wird durch das Volumen aktiven (bzw. entnommenen) Gases charakterisiert, das 1 Rbl. der Betriebsgrundmittel entspricht.

	1964	1965	1966	1967
Fondsabgabe m³/Rbl.	44,7	66,7	73,4	79,6

Diese Zunahme ist durch die Steigerung der Aufnahme- und Abgabefähigkeit der Sonden, die Kapazitätserweiterung der Verdichterstation und die Erhöhung des Aktivgasvolumens bedingt. Der wichtigste betriebswirtschaftliche Parameter sind jedoch die Selbstkosten. Unter Berücksichtigung der speziellen Bedingungen (Entnahme — I. und IV. Quartal, Einpressung — II. und III. Quartal) erfolgt die Berechnung der Selbstkosten gesondert für Einpressung und Entnahme.

Die Selbstkosten der Speicherung werden durch die jährlichen Aufwendungen für das eingepreßte und entnommene Gas bestimmt. Ihre Struktur ist Tab. 3 zu entnehmen.

Es ist eine Besonderheit der Speicherselbstkosten, daß Anteile überwiegen, die vom Volumen des gespeicherten Gases unabhängig sind: Amortisation der Grundmittel, Löhne, Verwaltungskosten, Instandhaltung der Gebäude und Anlagen usw. Diese Aufwendungen betrugen 1967 etwa 80%. Die vom Speichervolumen abhängigen Anteile (Material, Energie, Reparaturen, Gasverluste) beliefen sich auf ca. 20%.

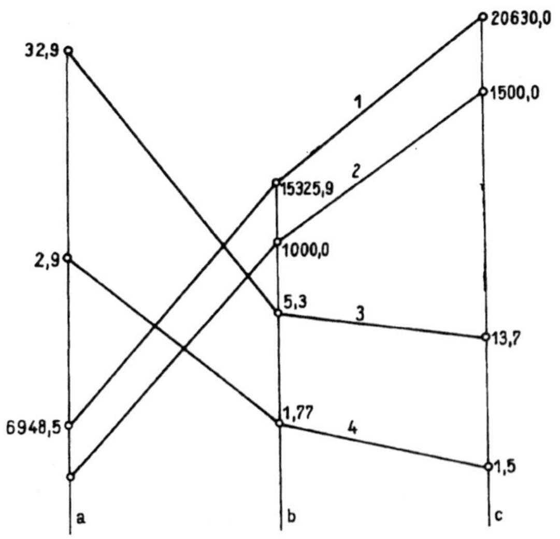

Abb. 2. Vergleich der technisch-ökonomischen Parameter des Untergrundgasspeichers Scholkowo

a) Versuchsstation, Speichervolumen = $264 \cdot 10^6$ m³;
b) industrieller Speicher, Speichervolumen = $1800 \cdot 10^6$ m³;
c) industrieller Speicher, Speichervolumen = $2500 \cdot 10^6$ m³
1 — Kapitalanlage, 1000 Rbl.; 2 — Aktivgasvolumen, 10^6 m³; 3 — spezifische Kapitalanlage, Rbl./1000 m³; 4 — Selbstkosten, Rbl./1000 m³

Tabelle 3

Struktur der Selbstkosten	%
Lohnfonds und Sozialversicherungsabzüge	23,3
Material und Reagentien	13,3
Energiekosten	3,9
Amortisation der Grundmittel	46,5
Instandhaltung für Gebäude und Anlagen, ständige Reparaturen	9,1
Anteile für Transporte, Wirtschaftsleistungen und Kosten für die Inbetriebnahme	3,1
Verwaltungskosten	1,6
Gesamt	100,0

Die Entwicklung im Zeitraum 1964 bis 1967 zeigt, daß sich trotz der Zunahme der betrieblichen Aufwendungen die Selbstkosten für das gespeicherte Gas verringern (Tab. 4).

Der Vergleich der Selbstkosten für die Versuchsstation und den industriellen Speicher ergibt, daß beim Aktivgasvolumen von $1 \cdot 10^9$ m³ die Selbstkosten der Speicherung um 52,6% niedriger liegen als bei der Versuchsstation mit einem Aktivgasvolumen von 211×10^6 m³.

Die Arbeitsproduktivität des Speichers wurde mit jedem Jahr erhöht. Wenn das entnommene Gas zugrunde gelegt wird, dann wurden 1964, bezogen auf ein Betriebsjahr, $1{,}98 \cdot 10^6$ m³ abgegeben, im Jahre 1967 dagegen $3{,}4 \cdot 10^6$ m³. Das entspricht einer Steigerung um 70%.

Tabelle 4

Parameter	nach Projekt Giprogas	tatsächlich 1964	1965	1966	1967
eingepreßtes Gasvolumen 10^6 m³/Jahr	1000,0	671,1	1101,0	1155,5	1316,5
entnommenes Gasvolumen 10^6 m³/Jahr	1000,0	403,0	576,4	898,8	940,2
Gesamtbetriebskosten für die Speicherung	1774,3	1243,9	1375,2	1672,7	1686,6
1000 Rbl. für					
... Einpressung	1011,9	633,8	713,7	662,8	805,5
... Entnahme	762,5	610,1	661,5	1010,3	881,1
Selbstkosten der Gasspeicherung	1,77	2,45	1,80	1,69	1,53
Rbl./1000 m³ Gas für					
... Einspeisung	1,01	0,94	0,65	0,57	0,61
... Entnahme	0,76	1,51	1,15	1,12	0,92

Im Fall des Speichers Scholkowo kann man die gesamten Aufwendungen den Kosten für den Bau einer Ferngasleitung von einer in der Nähe liegenden Gaslagerstätte gegenüberstellen, deren Durchlaßfähigkeit der Gasabgabe des Speichers entspricht, d. h. durchschnittlich $12 \cdot 10^6$ m³/d.

Tabelle 5

Variante	Kapitalkosten 1000 Rbl.	Betriebskosten 1000 Rbl.	Kapitalkosten Rbl./1000 m³	Betriebskosten Rbl./1000 m³
zusätzliche Gasleitung und Anlage	47209,1	3203,1	47,1	3,2
Erweiterung des bestehenden Transportnetzes	31634,8	4866,8	31,6	4,9
Untergrundgasspeicher Scholkowo	15325,9	1774,3	15,3	1,77

Dazu wurden vergleichende ökonomische Berechnungen für den Speicher Scholkowo und eine neu von der Gaslagerstätte Schebelinka zu verlegende 720-mm-Leitung durchgeführt, wobei diese parallel zur Leitung Schebelinka—Ostrogoshsk—Beloussowo angelegt werden kann. Weiterhin wurden diese Betrachtungen für eine Leitung von 1020 mm Durchmesser angestellt. Nach der ersten Variante wären vier neue Verdichterstationen mit 18 Maschinen des Typs GT—700—5 erforderlich; weitere 14 Maschinen müßten auf bestehenden Stationen zusätzlich installiert werden.

Aus den in Tab. 5 gegenübergestellten Varianten zur Abdeckung der saisonbedingten Verbrauchsschwankungen ist ersichtlich, daß die Kosten für den Speicher Scholkowo nahezu den dritten Teil einer neuen Gasleitung betragen und zweimal niedriger sind als für die Netzerweiterung. Dabei sind die jährlichen Anteile für die Betriebskosten beim Gasspeicher 1,8mal niedriger als bei der neuen Leitung und 2,7mal niedriger als bei einer Erweiterung des bestehenden Leitungssystems. Nach den angeführten Berechnungen ergibt der Speicher Scholkowo einen ökonomischen Nutzen von etwa $10 \cdot 10^6$ Rbl./Jahr. Der Speicher Scholkowo ist damit hocheffektiv und stellt ökonomisch den günstigsten Regulator für die saisonbedingten Gasverbrauchsschwankungen von Moskau dar.

Die emissionsspektralanalytische Vanadiumbestimmung in Sedimenten

ROLF SCHINDLER, Berlin

Die spektralanalytische Bestimmung von Spurenelementgehalten in Sedimentgesteinen erhält durch die Anwesenheit von Karbonaten spezifische Eigenheiten. Die häufigsten Karbonate sind Dolomit und Calcit. Neben der rein physikalisch-technischen Erschwernis des Probenabbrandes auf Grund der großen frei werdenden CO_2-Mengen[1]) führt die Anwesenheit höherer Ca-Konzentrationen zu Störungen, die dem Analytiker saurer Magmatite häufig nicht so geläufig sind. Der ebenfalls verbreitete Siderit bereitet keine analytischen Schwierigkeiten, da das Fe-Spektrum bereits jedem Laboranten vertraut ist. Nur besondere Sideritanrei-

Eingang des Manuskripts in der Redaktion: 21. 2. 1969.

[1]) 10 mg $CaCO_3$ setzen bei 5000°K ca. 43 cm³ CO_2 frei; die Volumina verhalten sich dabei wie 1:11700.

cherungen können wegen der z. T. erheblichen Mn-Gehalte, isomorphe Mischung mit Rhodochrosit (Verhältnis der CLARKE-Zahlen Fe : Mn ~ 50 : 1), zu weniger bekannten Koinzidenzen von spektralanalytischen Nachweislinien führen. Witherit und Strontianit haben in diesem Zusammenhang keine Bedeutung.

Zunächst sollte der Einfluß des Kalziums geprüft werden, das in den im Nordteil der DDR befindlichen Kreide-, Jura- und Permablagerungen z. T. beträchtliche Konzentrationen aufweist. Wie sich herausstellte, war es auch notwendig, die Koinzidenzmöglichkeiten der Elemente Fe, Cr, Ti, Ni, Mo und Co näher zu untersuchen.[2] Zur Verdampfung und Anregung geologischen Probenmaterials dient fast ausschließlich der Gleichstromdauerbogen. Als empfindlichste Bogenlinien des Vanadiums (in dem uns zugänglichen Spektralbereich) sind die Linien der Wellenlängen 3183,406; 3183,982 und 3185,412 Å, das „Vanadiumtriplett", bekannt.

[2]) Für die sorgfältige Durchführung der spektralanalytischen Arbeiten möchte Verf. Chem.-Ing. R. KEUTEL recht herzlich danken.

Tabelle 2

JP	AE	EL	Wellenlänge	Intensität		Koinzidenzmöglichkeiten								
						V 3183,406 Å			V 3183,982 Å			V 3185,412 Å		
						PGS 2			PGS 2			PGS 2		
e V	e V		Å-Einb.	B	F	2. O.	1. O.	Q 24	3. O.	1. O.	Q 24	2. O.	1. O.	Q 24
[6,11]	–	Ca_4	*3183,98*	(4)*		0	0	0	+	+	+	0	0	0
	–	Ca_5	*3184,35*	(21)*		0	0	0	0	0	+	0	0	0
	–	Ca_6	*3185,40*	(12)*		0	0	0	0	0	0	+	+	+
[7,86]	6,09	Fe_6	3182,975	125	70	0	0	0	0	0	0	0	0	0
	5,59	Fe_7	3183,108	7	50	0	0	+	0	0	0	0	0	0
	–	Fe_8	3183,573	5	3	(0)	+	+	0	0	+	0	0	0
	–	Fe_9	3184,107	5	2	0	0	0	(+)	+	+	0	0	0
	6,34	Fe_{10}	3184,622	60	40	0	0	0	0	0	0	0	0	0
	3,95	Fe_{11}	3184,896	200	150	0	0	0	0	0	0	0	0	0
	–	Fe_{12}	3185,316	–	25	0	0	0	0	0	0	+	+	+
[6,84]	–	Ti_1	3183,968	12	2									
	–	Ti_2	3184,017	5	10	0	0	0	+	+	+	0	0	0
	–	Ti_3	3184,09	3	10									
[6,76]	8,30	Cr_1	3183,325	6	150	+	+	+	0	0	0	0	0	0
	–	Cr_2	*3184,00*	(40% v. Cr_1)		0	0	0	+	+	+	0	0	0
	–	Cr_3	3184,314	–	30	0	0	0	0	0	+	0	0	0
	–	Cr_4	*3185,25****	(25% v. Cr_1)		0	0	0	0	0	0	0	+	+
	–	Cr_5	*3185,40****	(25% v. Cr_1)		0	0	0	0	0	0	+	+	+
[7,63]	–	Ni_1	3183,038	5	–	0	0	+	0	0	0	0	0	0
	5,84	Ni_2	3183,251	25	–	0	+	+	0	0	0	0	0	0
	4,17	Ni_3	3184,367	150	3	0	0	0	0	0	(+)	0	0	0
[7,38]	–	Mo_1	3183,033	10	–	0	0	+	0	0	0	0	0	0
	–	Mo_2	3184,572	6	4	0	0	0	0	0	0	0	0	0
	–	Mo_3	3185,104	20	8	0	0	0	0	0	0	0	0	+
	–	Mo_4	3185,711	8	3	0	0	0	0	0	0	0	0	+
[7,83]	5,77	Co_1	3185,95	40	–	0	0	0	0	0	0	0	0	(0)
	4,07	Co_2	3186,348	70	–	0	0	0	0	0	0	0	0	0
Ca- u. Fe-Linien, die nicht unmittelbar stören,														
	6,36	Fe_1	3180,226	300	300									
	5,79	Ca_1	3180,518	20	–									
	3,99	Fe_2	3180,755	100	10									
	–	Ca_2	3181,275	70(8)	15									
	6,49	Fe_3	3181,520	80	70									
	6,91	Fe_4	3181,908	15	15									
	6,75	Fe_5	3182,061	80	80									
	–	Ca_3	*3182,14*	(5)*										
	–	Ca_7	*3186,41*	(8)*										
	5,58	Fe_{13}	3186,741	20	300									
	–	Ca_8	*3187,60*	(3)*										
	–	Ca_9	*3187,82*	(2)*										

* Abgeschätzte Intensität (nach Photometerwerten) unter Voraussetzung einer Intensität von 70 für Ca 3181,275 Å. Die Intensität ist dabei nicht differenziert bezüglich der Bogen- bzw. Funkenanregung und bezieht sich auf das angewandte Analysenverfahren.

** Die angegebenen Schwärzungswerte sollen nur zur Orientierung und zum relativen Vergleich dienen. Bei den Angaben zum PGS 2 sind die Schwärzungswerte auf das Spektrum 1. Ordnung bezogen.

*** Diese Linien bzw. Wellenlängen sind noch mit etwas Vorsicht zu betrachten, da keine Cr-Verbindung genügender Reinheit zur Verfügung stand.

Die im Routinebetrieb aufgezeichneten Spektren jurassischer Sedimente gaben Anlaß, in diesem Wellenlängengebiet Störlinien zu vermuten, die in den im allgemeinen in den Laboratorien vorhandenen Wellenlängen-Atlanten, wie

HARRISON (1939),
SAIDEL, PROKOFJEW & RAISKI (1955),
KUBA u. a. (1964),

nicht verzeichnet sind.

Bereits SCOTT (1945, 1946) und AHRENS (1950) machten auf einen „Verstärkungseffekt" der Linie V 3185,4 Å bei Anwesenheit von Ca aufmerksam. Die störenden Linien dieses Elements wurden jedoch noch nicht erkannt.

Von SHAW (1958) wurde dann auf vier bis dahin nicht bekannte Spektrallinien des Kalziums hingewiesen.

Die Untersuchungen hatten das Ziel, die Wellenlängen der in diesem Bereich (3183—3186 Å) liegenden,

PGS 2 Intensität in $S_{L\text{-}U} \cdot 10^{3}$**										Q 24 Intensität in $S_{L\text{-}U} \cdot 10^{3}$**									
0,1%	1%	5%	10%	15%	20%	30%	40%	50%	70%	0,1%	1%	5%	10%	15%	20%	30%	40%	50%	70%
nb	–	–	–	–	10	15	20	45	110	} nb	nb	50	55	100	120	130	180	500	670
nb	–	–	–	10	55	105	170	340	580										
nb	–	–	–	–	20	50	100	195	410	nb	nb	35	40	70	75	80	130	350	480
nb	15	85	190	nb	430	nb	nb	nb	nb	} nb	35	130	330	nb	630	nb	nb	nb	nb
nb	–	–	~60	nb	~200	nb	nb	nb	nb										
nb	–	–	10	nb	20	nb	nb	nb	nb	nb	30	45	55	nb	90	nb	nb	nb	nb
nb	–	–	15	nb	25	nb	nb	nb	nb	nb	35	50	65	nb	130	nb	nb	nb	nb
nb	–	30	75	nb	220	nb	nb	nb	nb	} nb	160	450	800	nb	1200	nb	nb	nb	nb
nb	70	460	800	nb	1200	nb	nb	nb	nb										
nb	–	–	–	nb	10	nb	nb	nb	nb	nb	–	–	–	nb	–	nb	nb	nb	nb
nb	80	350	620	nb	890	nb	nb	nb	nb	nb	110	320	600	nb	700	nb	nb	nb	nb
nb	–	30	80	nb	190	nb	nb	nb	nb	nb	60	140	300	nb	470	nb	nb	nb	nb
nb	–	20	30	nb	60	nb	nb	nb	nb	} nb	30	60	100	nb	120	nb	nb	nb	nb
nb	–	–	10	nb	15	nb	nb	nb	nb										
nb	–	–	25	nb	35	nb	nb	nb	nb	} nb	35	50	75	nb	95	nb	nb	nb	nb
nb	–	–	15	nb	40	nb	nb	nb	nb										
nb	–	10	20	nb	nb	nb	nb	nb	nb	} nb	40	100	180	nb	nb	nb	nb	nb	nb
nb	–	50	60	nb	nb	nb	nb	nb	nb										
nb	35	250	350	nb	nb	nb	nb	nb	nb	nb	80	300	520	nb	nb	nb	nb	nb	nb
–	90	700	nb	nb	nb	nb	nb	nb	nb	45	180	740	nb	nb	nb	nb	nb	nb	nb
–	15	210	nb	nb	nb	nb	nb	nb	nb	30	70	310	nb	nb	nb	nb	nb	nb	nb
5	120	820	nb	nb	nb	nb	nb	nb	nb	60	250	900	nb	nb	nb	nb	nb	nb	nb
–	30	370	nb	nb	nb	nb	nb	nb	nb	50	125	450	nb	nb	nb	nb	nb	nb	nb
–	–	20	45	nb	nb	nb	nb	nb	nb	nb	nb	nb	nb	nb	nb	nb	nb	nb	nb
–	10	60	130	nb	nb	nb	nb	nb	nb	nb	nb	nb	nb	nb	nb	nb	nb	nb	nb
aber im angrenzenden Wellenlängenbereich liegen																			
nb	200	800	1100	nb	1560	nb	nb	nb	nb	nb	300	710	1090	nb	1400	nb	nb	nb	nb
nb	–	–	–	50	75	90	95	160	260	nbb	nbb	nbb	nbb	nbb	nbb	nbb	nbb	nbb	nbb
nb	50	170	310	nb	620	nb	nb	nb	nb	nb	75	190	370	nb	650	nb	nb	nb	nb
nb	nb	550	700	850	1350	1450	1550	1800	1900	nb	nb	960	1150	1250	1450	1500	1650	1750	1900
nb	45	100	190	nb	400	nb	nb	nb	nb	nb	40	110	230	nb	450	nb	nb	nb	nb
nb	30	55	65	nb	220	nb	nb	nb	nb	} nb	50	120	300	nb	570	nb	nb	nb	nb
nb	35	75	140	nb	320	nb	nb	nb	nb										
nb	–	–	35	40	40	45	55	65	115	nb	–	55	65	75	85	95	115	200	320
nb	–	–	30	35	45	50	55	135	270	nb	–	20	30	50	50	50	75	210	400
nb	35	75	130	nb	310	nb	nb	nb	nb	nb	25	130	240	nb	480	nb	nb	nb	nb
nb	–	–	–	–	–	35	40	55	105	} nb	–	75	85	95	90	90	95	150	230
nb	–	–	–	–	–	–	35	55	90										

nb – nicht bestimmt

nbb – nicht bestimmbar

0 – Analysenlinie ungestört

+ – Analysenlinie gestört

in den genannten Nachschlagewerken nicht enthaltenen Spektrallinien zu bestimmen und die Elementkonzentrationen der genannten Elemente zu ermitteln, bei denen störende Linien der Elemente Ca, Fe, Ti, Cr, Ni, Mo und Co auftreten. Dabei wurde die apparative Ausrüstung der Laboratorien mit dem 2-m-Plangitterspektrographen PGS 2 und dem Quarzspektrographen Q 24 des VEB Carl Zeiss Jena berücksichtigt.

In dem erwähnten Artikel von SHAW (1958) wurden von vier Ca-Linien die Wellenlängen veröffentlicht, und auf zwei weitere wurde hingewiesen. Die Bestimmung der Wellenlängen erfolgte durch SHAW (McMaster University, Hamilton), MAC DONALD (Queens University) und FILBY (Bloomington); sie sind zusammen mit den von uns gefundenen in Tab. 1 zusammengefaßt.

Tab. 1. Wellenlängen störender Ca-Linien

SHAW		MAC DONALD		FILBY		ZGI	
Ca (Å)	I	Ca (Å)	I	Ca (Å)	I	Ca (Å)	I
						3182,14	5
3184,0	5	3183,9	mittel	3184,0	5	3183,98	4
3184,4	15	3184,4	stark	3184,4	15	3184,35	21
3185,4	10	3185,4	stark	3185,4	10	3185,40	12
3186,4	10	3186,4	stark	3186,4	8	3186,41	8
						3187,60	3
						3187,82	2

Für die Berechnungen der Wellenlängen der unbekannten Spektrallinien wurde die nahezu lineare Dispersion des Gitterspektrographen genutzt. Sie wurde im interessierenden Wellenlängenbereich mit 7,32 Å je mm für die 1. Ordnung und mit 3,62 Å/mm für die 2. Ordnung bestimmt.

Zur Einordnung der in Tab. 2 aufgeführten Spektrallinien als Störlinien in bezug auf das V-Triplett wurden folgende Voraussetzungen gemacht:

Dispersion Q 24 15 Å/mm
PGS 2 1.O. 7,3 /mm
PGS 2 2.O. 3,6 /mm

Auflösungsvermögen

Q 24 $d = 0{,}4$ Å $A = \frac{3200}{0{,}4} = \underline{\underline{8000}}$

PGS 2 1.O. $d = 0{,}2$ Å $A = \frac{3200}{0{,}2} = \underline{\underline{16000}}$

PG 2 1.O. $d = 0{,}1$ Å $A = \frac{3200}{0{,}1} = \underline{\underline{32000}}$

Die genannten Wellenlängendifferenzen entsprechen auch den Abständen zweier Spektrallinien, die im projizierten Spektrum (20fache Vergrößerung) bei Blau-extra-hart-Platten noch als getrennte Linien erkannt werden können. Natürlich ist die Trennung so nah beieinander liegender Linien auch eine Frage der Linienintensität. In unserem Fall handelt es sich aber durchweg um schwache Spektrallinien, bzw. es interessiert nur die Grenzkonzentration, bei der die Linien im Spektrum erscheinen.

An Hand der Linien des Vanadiumtripletts wurde zunächst die Meßgenauigkeit der Linienabstände und damit die Richtigkeit der Wellenlängenbestimmung geprüft. Gegenüber den tabellierten Wellenlängen ergab sich für das Spektrum des Gitterspektrographen in der 1. Ordnung eine durchschnittliche Abweichung von 0,006 Å (14 Messungen), in der 2. Ordnung unter gleichen Bedingungen eine durchschnittliche Abweichung von 0,010 Å. Damit ist eine genügend hohe Meßgenauigkeit erwiesen, die zur Lokalisierung der nichterfaßten Spektrallinien ausreichend erscheint. Die berechneten Wellenlängen sind demnach etwa im Bereich $\pm$ 0,01 Å unsicher. Als Bezugslinien dienten außer den V-Linien die Ca-Linien 3179,332 und 3181,275 Å.

Die angegebenen Wellenlängen sind Durchschnittswerte aus Messungen in der 1. und 2. Ordnung.

Schwierigkeiten bereitete uns die Bewertung der Intensität der beschriebenen Ca-Linien. Unter den Anregungsbedingungen, die weiter unten zusammengefaßt sind, ergibt sich die Reihenfolge (stark — schwach) Ca_5—Ca_6—Ca_7—Ca_4—Ca_3—Ca_8—Ca_9. Setzen wir die Bogenintensität der Ca-Linie 3181,275 Å mit 70 an (der Tabellenwert von 8 wurde bereits schon von anderen Autoren angezweifelt), so ergeben sich die in den Tab. 1 und 2 in Klammern gesetzten Vergleichszahlen.

Für den Spektralanalytiker sind natürlich darüber hinaus die Elementkonzentrationen der Störelemente interessant, bei denen die mit Vanadium koinzidierenden Linien im Spektrum erscheinen. Zu diesem Zweck wurde eine Reihe von Testsubstanzen hergestellt und spektrographiert. Die Ergebnisse sind in Tab. 2, unter Berücksichtigung von Dispersion und Auflösungsvermögen der Spektrographen, zusammengestellt. Die im angrenzenden Wellenlängenbereich liegenden Linien wurden zur besseren Übersicht und Abschätzung der Schwärzung der Störlinien angegeben, da bei Anwesenheit von Vanadium das Erkennen bestimmter störender Linien — besonders in den Spektren des Q 24 — nicht ganz leicht ist. Die angegebenen Schwärzungswerte für die Spektren des PGS 2 und Q 24 können natürlich keine absoluten Werte darstellen, sondern haben nur informatorischen Charakter bzw. Vergleichswert, da sie matrixabhängig sind.

SHAW gibt als störende CaO-Konzentration 2% an, wenn an Hand der Linie V 3185,4 Å Gehalte kleiner als 10 ppm analysiert werden sollen. PREUSS (1937), SCOTT (1945, 1946) und MITCHELL (1948) empfehlen für die Linie V 3183,9 Å Fe (3100,7 Å) als variablen inneren Standard. Zur Eliminierung des störenden Ca-Einflusses bei V 3185,4 Å schlägt SHAW die Korrektur (als Untergrundkorrektur) mit Ca 3186,4 Å vor, da die Intensitäten der Ca-Linien ca. 3185,4 und 3186,4 Å recht ähnlich sind. Als Ausweichlinie wird weiterhin die V-Linie 3102,3 Å angegeben. Die ebenfalls dort vorhandene Störung durch Ca 3102,4 Å soll in gleicher Weise mit Hilfe der Ca-Linie 3098,6 Å korrigiert werden.

Arbeitsbedingungen

Einer synthetischen Matrix, bestehend aus 80% SiO_2 und 20% Al_2O_3, beide Substanzen spektralrein, wurden unterschiedliche Gehalte an CaO, Fe_2O_3, TiO_2, NiS, Mo und Co zugesetzt.

Analysenbedingungen

Probenvorbereitung: Mischen der Analysenausgangssubstanz mit RW–A-Kohlepulver im Verhältnis 1 : 1,5

Aufnahmegeräte:	PGS 2 und Q 24 PGS 2: Gitter-blaze-Wellenlänge 5280 Å, 1. Ordnung; 2. Ordnung
Lichtführung zum Spektrographen:	mit Zwischenabbildung
Zwischenblende:	3,2 mm
Spalt:	18 μm PGS 2, 7 μm Q 24
Elektrodenabstand:	4 mm
Belichtungszeit:	90 sec
Anregung:	Gleichstromdauerbogen, anodisch gesch. Probeelektrode
Stromstärke:	7 A
Elektroden:	T 1, 5 mm ⌀ Probeelektrode Bhg. 2 × 4 mm, auf 3 mm ⌀, 5 mm lang abgefräst, Gegenelektrode 12 mm lang, auf 2,5 mm ⌀ abgefräst
Spektralplatten:	ORWO WU 3
Entwicklung:	Metatyl-Hydrochinon, 1 : 4 verdünnt, 4 min bei 19 °C

Ergebnisse und Schlußfolgerungen

Der spektralanalytische V-Nachweis kann durch die Elemente Ti, Fe, (Ca), (Cr) und (Ni) gestört werden. Die Störungen sind an bestimmte Mindestkonzentrationen gebunden, die insbesondere bei Ti, Ca und Fe in dem uns vorliegenden Untersuchungsmaterial leicht erreicht werden.

Die im allgemeinen benutzte V-Analysenlinie 3183,982 Å kann bei Kalk-Anhydrit-Dolomit- und Fluoritgesteinen daher nicht verwendet werden, unabhängig vom Einsatz des Plangitter- oder Quarzspektrographen. Das gilt auch für Probenmaterial mit Ti-Gehalten $> 0{,}5\%$. Als Ausweichlinien können V 3102,299, 3183,406 und eventuell 3110,706 Å benutzt werden. Natürlich sind die möglichen Störungen (Fe, Ti, Mn, Ca, Cr) zu berücksichtigen, ebenso wie die unterschiedlichen Empfindlichkeiten dieser Nachweislinien.

Bei gleichen Aufnahmebedingungen erscheinen die beobachteten Linien im Spektrum des Q 24 bereits bei kleineren Elementkonzentrationen als in dem des PGS 2; die Linien $Ca_{4,5}$ bei 5% statt bei 15% Ca und Fe_9 bereits bei 1% an Stelle von 10%. Außerdem traten im Spektrum des Q 24 noch zusätzliche Linien auf. Das betrifft bei Mo eine Linie mit einer Wellenlänge von etwa 3183,9 Å. Bei Kontrollaufnahmen mit den unverdünnten Elementverbindungen zeigt sich, daß für Mo und Cr noch mit weiteren Störlinien gerechnet werden muß. Allerdings sind die Linienintensitäten so gering, daß für die spektralanalytische Praxis in der Geologie diese Linien keine Bedeutung haben.

Entsprechend der geringeren Dispersion des Q 24 werden einige Linien nicht mehr sicher getrennt bzw. können nicht mehr als getrennte Linien mit dem Photometer erfaßt werden: Ca_{4-5}, Fe_{6-7}, Fe_{10-11}, Cr_{2-3} usw.

Die Linie Ca_1 war in den Spektren des Quarzspektrographen nicht meßbar, da die Linien Ca 3179,3 und 3181,2 Å eine starke Streustrahlung aufweisen, die in dem dazwischenliegenden Wellenlängenbereich zu einer intensiven Untergrundschwärzung führte.

Das in unseren Laboratorien angewendete Routineverfahren (TGL 168—2012, Bl. 3) gestattet den V-Nachweis ab 10 ppm. Für die spektralanalytische V-Bestimmung an Hand der Linie 3183,98 Å in geologischem Probenmaterial wird die Berücksichtigung der in Tab. 3 aufgezeigten Spektrallinien empfohlen:

Tabelle 3

Gestein	Element – Konzentration		Störlinie	Gerät
Tonschiefer	Ti = 1%	Ti	3184,0	Q 24, PGS 2
	Fe = 5%	Fe_8	3183,57	Q 24
		Fe_9	3184,11	Q 24, PGS 2 (1.0.)
Kalkmergelstein, Kalkstein, Anhydrit, Fluorit, Dolomit u. a.	Ca = 10–15%	Ca_4	3183,98	Q 24, PGS 2
		Ca_5	3184,35	Q 24
	Fe = 5%		Fe_8, Fe_9	s. o.
magmat. Gestein (sauer)	(Fe)			
	(Ti)			
	(Co)			
	(Ni) = 1%	Ni_3	3184,37	Q 24
magmat. Gestein (basisch)	Fe = 5%		Fe_8, Fe_9	s. o.
	Cr = 1%	Cr_2	3184,00	Q 24, PGS-2
		Cr_3	3184,31	Q 24

Zusammenfassung

Der spektralanalytische Vanadiumnachweis an Hand des sogenannten Vanadium-Tripletts wird durch die Elemente Ti, Fe, Ca, Cr und Ni gestört. Einige der störenden Spektrallinien sind in den allgemein gebräuchlichen Wellenlängenatlanten nicht verzeichnet. Auf die bei Anwendung des Quarzspektrographen Q 24 und des Plangitterspektrographen PGS 24 störenden Linien wird hingewiesen, ebenso auf die Mindestkonzentration der entsprechenden Elemente.

Резюме

Спектральное обнаружение ванадия на основе триплета ванадия нарушается титаном, железом, кальцием, хромом и никелем. Некоторые из нарушающих спектральных линий не упомянуты в общепринятых атласах длин волн. Даются указания на нарушающие линии при использовании кварцевого спектрографа типа Q 24 и дифракционного спектрографа PGS 24, а дальше на минимальную концентрацию соответствующих элементов.

Summary

The demonstration of vanadium by spectral analysis using the vanadium triplet is disturbed by the elements Ti, Fe, Ca, Cr and Ni. Some of the disturbing spectral lines are not listed in the usual wave-length atlasses. Reference is made to disturbing lines when using the Q 24 quartz spectrograph and the PGS 24 plane-grid spectrograph, with informations on the minimum concentration of the elements in question.

Literatur

AHRENS, L. H.: Spectrochemical Analysis. — Addison Wesley Publishing Company, Inc., London 1950.

HARRISON, G. R.: Wave Length Tables. — Verl. J. Wiley and Sons, Inc., New York 1939.

KUBA, J., L. KUCERA, F. PLZAK, M. DVORAK & J. MRAZ: Koinzidenztabellen der Atomspektroskopie. — Verl. tschechosl. Akad. Wiss., Prag 1964.

MITCHELL, R. L.: The spectrographic determination of trace elements in rocks, minerals and soils. — Tech. Comm. 44, Commonwealth Bur. Soil Science, Harpenden (England) 1948.

PREUSS, E.: Spektralanalytische Bestimmung von Molybdän und Vanadin in Richelsdorfer Halden. — Z. angew. Miner., 1, 93 (1937).

SAIDEL, A. N., W. K. PROKOFJEW & S. M. RAISKI: Spektraltabellen. — Verl. Technik, Berlin 1955.

SCOTT, R. O.: The effect of extraneous elements on spectral line intensity in the cathodelayer arc. — J. Soc. Chem. Ind., 64, 189 (1945); 65, 291 (1946).

SHAW, D. M.: Spectrographic determination of trace elements in rocks, minerals and soils. — Geochim. et Cosmochim. Acta, 25, 159 (1958).

L. J. ORLOWA, N. N. AMSCHINSKIJ & I. W. MARIITSCH

Die Verteilung der Akzessorien und Spurenelemente in Abhängigkeit von dem Stoffbestand und den Lagerungsformen der Granitoidmassive

Referiert von WOLFGANG BEYER, Schneeberg

In der vorliegenden Arbeit wird an Hand zahlreicher Untersuchungen die Bedeutung der Akzessorien und Spurenelemente für die Feststellung der Lagerungsformen von Granitoidmassiven dargestellt.

Die vertikale Zonalität von Akzessorien und Spurenelementen ist bereits von vielen Forschern beobachtet worden. Von den Autoren der vorliegenden Arbeit wurden in den Jahren 1958 bis 1966 im Altai über 30 Granitoidmassive hinsichtlich der Verteilung der Akzessorien und Spurenelemente untersucht. Dabei konnten wesentliche Unterschiede in der Verteilung von Akzessorien und Spurenelementen innerhalb der einzelnen Massive in Abhängigkeit von der Zusammensetzung des umgebenden Milieus und dem Erosionsanschnitt der betreffenden Granitoidmassive festgestellt werden.

Die größten Unterschiede in der Verbreitung wurden für Sphen, Magnetit, Apatit, Titanomagnetit, Monazit, Titanate der Seltenen Erden und Tantal-Niobate festgestellt. Der Apatit wurde im karbonatischen Mg-Fe-Milieu hybrider Diorite angereichert angetroffen. In den basischeren Gesteinen des Endokontakts sinken dagegen seine Gehalte stark ab; nach der Tiefe nehmen sie zu. Granite ohne Merkmale einer Hybridisierung (alumosilikatisches Milieu) haben mit wachsender Tiefe höhere Sphen- und Magnetitgehalte, wobei in den Randzonen keine Anreicherung mit diesen Akzessorien beobachtet wird. Die Minerale der Seltenen Erden, Tantal-Niobate, Fluorit, Turmalin u. a. sind für den apikalen Bereich normaler Granite typisch und werden in hybriden Granitoidzonen sehr selten beobachtet.

Die Autoren betonen, daß die vertikale Zonalität in der Verteilung der Akzessorien und letztlich auch der Spurenelemente eine sehr genaue Fixierung der Probenentnahmepunkte erfordert. Eine wesentliche Änderung der Gehalte der Akzessorien kann in einem vertikalen Abstand von 500 bis 800 m festgestellt werden. In einem Massiv des Bergaltai konnten in einem vertikalen Abstand von 800 m von oben nach unten folgende Veränderungen in den Mineralgehalten beobachtet werden: Monazit (0,6 bis 27,4 g/t), Xenotim (27,6 bis 11,2 g/t), Apatit (0,1 bis 1,3 g/t), Fluorit (236,9 bis 33,8 g/t) und Topas (10 bis 0 g/t). Die Summe der Akzessorien veränderte sich von 494,2 g/t (obere Intrusivteile) bis zu 230,3 g/t (untere Intrusivteile).

Derartige Feststellungen sind bereits von zahlreichen Bearbeitern gemacht worden; deshalb kommen die Autoren zu der Schlußfolgerung, daß sich die Granitoide eines Massivs, die auf verschiedenen Anschnittniveaus der Intrusion abgeprobt wurden, stark im Gehalt der Akzessorien und auch der Spurenelemente unterscheiden. Die Akzessorien werden deshalb von den Autoren in zwei Gruppen unterteilt:

a) Minerale geochemisch beweglicher Verbindungen, die in den apikalen Massivzonen angereichert werden und mit leichtflüchtigen Komponenten zusammenhängen; das Schicksal dieser Spurenelemente und Minerale hängt vom aufsteigenden Strom leichtflüchtiger Komponenten ab (Gruppe der aufsteigenden Migration);

b) Spurenelemente und Minerale, die bei der Plutonbildung im Gegensatz zur ersten Gruppe in den tieferen Intrusivniveaus konzentriert werden (Gruppe der absteigenden Migration).

Die unterschiedlichen Beziehungen zwischen beiden Gruppen weisen in zeitlich und stofflich gleichartigen Granitoidmassiven offensichtlich auf verschiedene Bedingungen der Massivbildung und vor allem der Tiefenfazies hin (Abb.).

Bei der Intrusivbildung spielt bei der Entgasung der leichtflüchtigen Komponenten und beweglichen Elemente die Infiltration eine wesentliche Rolle, während in der zweiten Gruppe von Mineralen (schwere und wenig bewegliche Komponenten und Minerale) der Diffusion eine vorrangige Bedeutung zukommt. In unterschiedlichen Bereichen der Magmenschmelze können Zonen niedrigen Druckes auftreten. Die leichtflüchtigen und beweglichen Elemente werden in diese Zonen migrieren und sich dort konzentrieren. Folglich wird die Lagerungsform der Magmenkörper auch die Verteilung der Akzessorien und Spurenelemente beeinflussen. So kommt es dazu, daß in einem alumosilika-

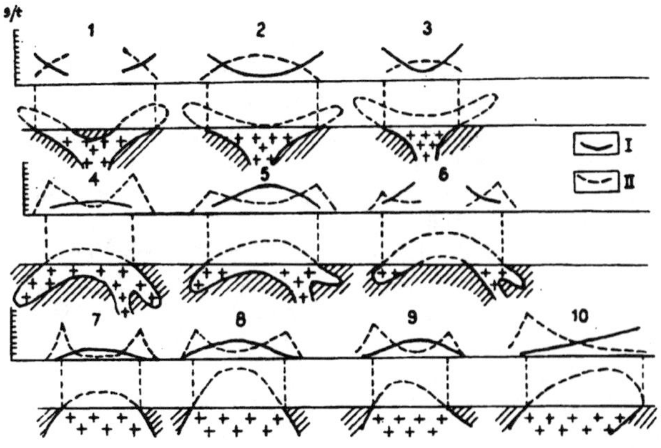

Abb. Schema der Verteilung akzessorischer Elemente und Minerale der ab- (I) und aufsteigenden (II) Migration in Granitoidmassiven verschiedener Lagerungsformen

1, 2, 3 — Lopolith in verschiedenen Erosionsanschnitten; 4, 5, 6 — Lakkolith in verschiedenen Anschnittniveaus; 7, 8 — Batholith (7 — symmetrisch, 8 — asymmetrisch); 9 — Magmenkörper mit Kontakten, die nach außen fallen; 10 — schichtförmiger Magmenkörper mit Kontakten, die nach einer Seite einfallen

Aus: „Sowjet. Geologija", Nr. 8 (1968), S. 126–131.

tischen Milieu Magnetit und Sphen einmal im Endokontakt (Kontakt fällt unter das Massiv) und zum anderen im tieferen Zentralteil der Intrusion (Kontakt fällt vom Massiv weg) angereichert werden. Monazit und Polykras verhalten sich gegensätzlich zu Magnetit und Sphen. Aus der vertikalen Zonalität der Akzessorien kann deshalb auf die Sohle oder den Dachbereich von schichtartigen Granitoidkörpern geschlossen werden. Folglich können nach den Autoren die Lakkolithe von den Lopolithen oder symmetrische von aysmmetrischen Magmenkörpern unterschieden werden. Außerdem ist es möglich, aus der Verbreitung solcher Minerale wie Magnetit, Sphen und Orthit auf Merkmale der Hybridisierung zu schließen, wenn diese Bestimmung mit den üblichen petrographischen Methoden nicht gelingt. In granitisierten Gesteinen treten die bisher erwähnten Besonderheiten nur in sehr schwacher Form auf.

Im weiteren beschreiben die Autoren zwei Beispiele der Verteilung von Akzessorien in einem stockartigen Batholithen und in einem schichtartigen Magmenkörper, in denen die obenerwähnten Besonderheiten deutlich zum Ausdruck kommen.

Die vertikale Zonalität in der Verbreitung von Akzessorien und der entsprechenden Spurenelemente erlaubt nach den Autoren eine Festlegung der Fallrichtung von den Kontakten einer Granitoidintrusion und bei schichtförmigen Lagerungsformen die Unterscheidung von oberen und unteren Intrusivteilen. Namentlich auf diese Angaben stützen sich ja auch vielfach unsere Aussagen über die Lagerungsform von Intrusionen. Die Autoren betonen jedoch, daß die Assimilation wesentlich die vertikale Zonalität beeinflußt und diese deshalb berücksichtigt werden muß. Auch das Niveau der Probenahme muß genau fixiert sein, wenn z. B. der Zentralteil des Magmenkörpers im Relief am höchsten ist, dann sind die Gehalte der Elemente und Minerale der Fe-Gruppe hier niedriger als im Exokontakt, der hypsometrisch niedriger ist.

Versuche zur räumlichen Darstellung des substanzfreien Raumes von Salzgesteinen

DIETMAR BUTTKEWITZ & WERNER HAUENHERM, Freiberg (Sa.)

(Sektion Geowissenschaften der Bergakademie Freiberg, Lehrstuhl für Geologie von Erdöl, Erdgas und Kohlen, Sektionsveröffentlichung Nr. 47;
gleichzeitig: Mitteilung des Lehrstuhls für Tiefbohrtechnik und Erdölgewinnung, Sektion Geotechnik und Bergbau der Bergakademie Freiberg)

Bei der Untersuchung von Salzgesteinen ist die Kenntnis der Struktur des substanzfreien Raumes dieser Gesteine von besonderer Bedeutung. So ist es für die Beurteilung von Salzgesteinen bezüglich ihrer Gas- und Flüssigkeitsdurchlässigkeit wichtig, genauere Vorstellungen über die Beschaffenheit der Strömungswege im Salz zu gewinnen, beispielsweise um Probleme der Migration von Kohlenwasserstoffen zu klären. Die Kenntnis des Porenraums von Salzen ist jedoch auch für die Untersuchung der Salzentstehung und der möglichen Lösungszirkulation in Salzgesteinen, damit also auch für die Klärung salzdiagenetischer Probleme, bedeutungsvoll.

Die petrographische Untersuchung von Salzgesteinen erfolgte bisher vorwiegend im Hinblick auf ihre Festigkeitseigenschaften und auf das Plastizitätsverhalten. Man charakterisiert Salzgesteine außer nach Mineralzusammensetzung und Kristallstruktur der einzelnen Minerale nach Parametern wie: mittlere Korngröße, Korngrößenverteilung, Homogenität und Verwachsungsverhältnisse (BORCHERT 1962; DREYER 1967; LOTZE 1957). Über die Beschaffenheit der substanzfreien Räume im Salz liegen bislang nur wenige Untersuchungen vor.

So wurden von DREYER (1967) und TOLLERT (1964) absolute Porositäten von Salzgesteinen aus Absolut- und Raumdichte ermittelt. Die erhaltenen Porositätswerte liegen bei 0,5 bis 1%, sind jedoch durch Ungenauigkeiten bei der Dichtebestimmung recht fehlerhaft. Effektive Porositäten zwischen 0,62 und 7,17% erhielten AUFRICHT & HOWARD (1961) bei der Porositätsmessung an Salzgesteinen nach dem Tränkungsverfahren und der Gasexpansionsmethode.

Bei den Untersuchungen, über die hier zu berichten ist, wurde versucht, den Porenraum von Salzgesteinen räumlich darzustellen. Durch Tränken von Gesteinen mit flüssigem Kunststoff, Erhärten desselben und durch nachfolgendes Weglösen der Gesteinssubstanz erhält man ein Porenraumgerüst. Diese Methodik wurde bereits des öfteren mit jeweils verschiedenen Kunststoffen beschrieben (CORRENS 1942; CAVANAUGH & KNUTSON 1960; LANGA & CASIAN 1963; WATZNAUER u. a. 1965; ETIENNE & LE FOURNIER 1967). Dabei sind jedoch stets Speichergesteine von Kohlenwasserstofflagerstätten — im wesentlichen Sandsteine — getränkt worden, um Aussagen über die Speichereigenschaften zu gewinnen.

Für die vorliegenden Untersuchungen standen zur Verfügung:

Proben des Staßfurt-Steinsalzes (Na 2) aus dem VEB Kaliwerk „Heinrich Rau", Roßleben, Entnahmeteufe 590 m;
Proben des Leine-Steinsalzes (Na 3) aus dem VEB Kaliwerk „Deutschland", Teutschenthal, Betriebsteil Angersdorf, Entnahmeteufe 645 m;
eine nicht näher bezeichnete Probe eines Steinsalzes aus Gröna (im folgenden „Steinsalz Gröna" genannt).

Die Korngrößen der meisten Kristalle lagen bei dem untersuchten Leine-Steinsalz zwischen 5 und 30 mm, beim Staßfurt-Steinsalz bei 1 bis 10 mm (Abb. 1 und 2).

Eingang des Manuskripts in der Redaktion: 12. 2. 69.

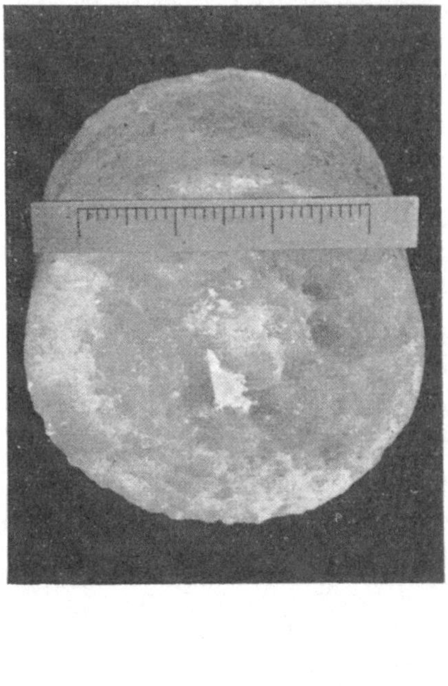
Abb. 1. Probe des Staßfurt-Steinsalzes aus Roßleben

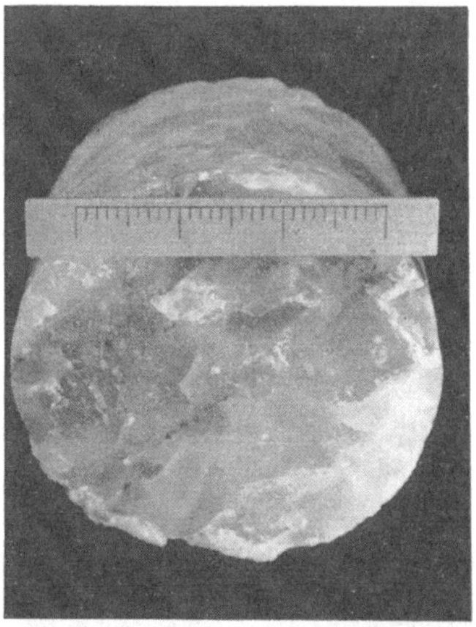
Abb. 2. Probe des Leine-Steinsalzes aus Angersdorf

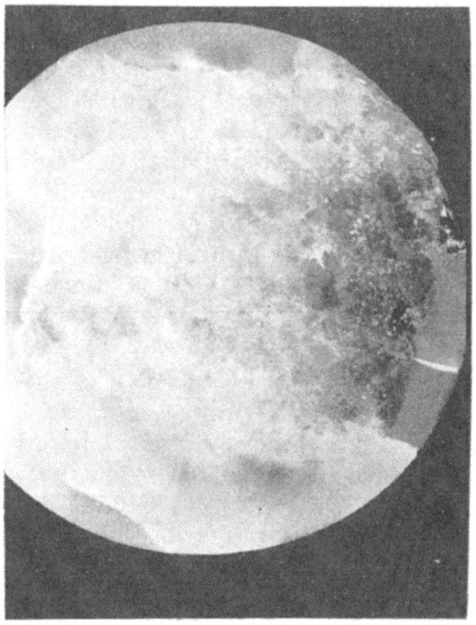
Abb. 3. „Steinsalz Gröna“; die Probe ist kunststoffgetränkt und -ummantelt, eine Scheibe herausgeschnitten (Außendurchmesser 45 mm)

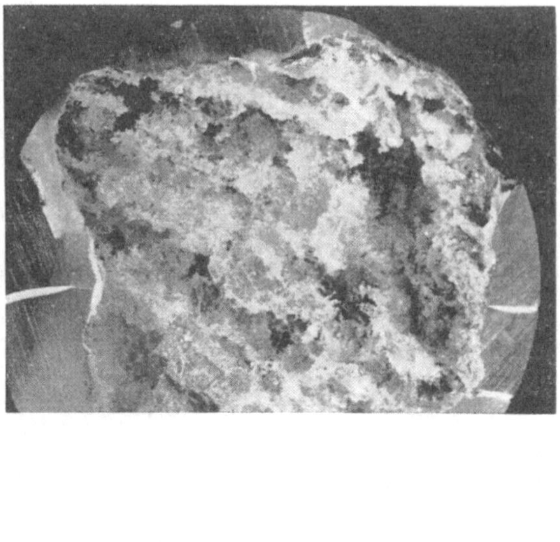
Abb. 4. „Steinsalz Gröna“, gleiche Probe wie Abb. 3
Das Salz ist herausgelöst; zu sehen ist das verbliebene Porenraumgerüst. Die Darstellung täuscht einen großen Porenraum vor, jedoch haben die einzelnen Porenraumflächen nur Stärken von Mikrometern.

Abb. 5. Die in Abb. 3 und 4 dargestellte Probe, seitlich aufgenommen (Stärke der Probenscheibe 15 mm)

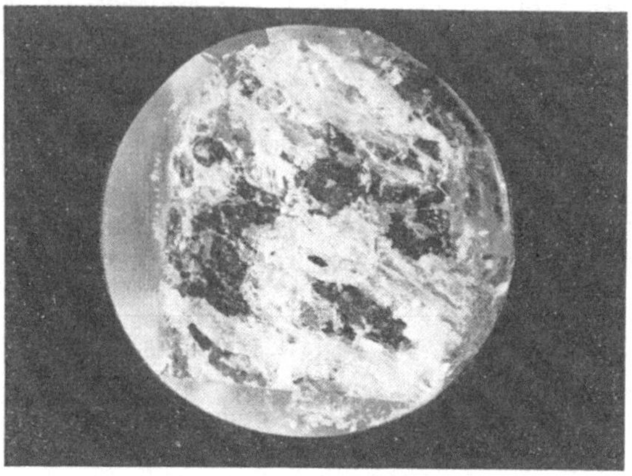
Abb. 6. Staßfurt-Steinsalz, Porenraumgerüst (Außendurchmesser 35 mm)

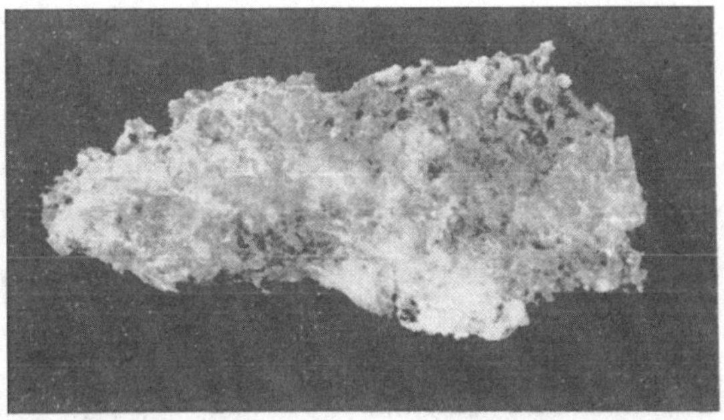

Abb. 7. Durch Kunststoff modellierte Porenraumfläche (Rißfläche?) aus einer Probe des Staßfurt-Steinsalzes

Kornform und -größe sind bei dem erstgenannten Gestein im Vergleich zu den anderen wesentlich inhomogener; auch die Kornbindung ist teilweise wesentlich lockerer. Das hat seine Ursache möglicherweise schon in der Herkunft der Proben. Während das Staßfurt-Steinsalz einem durch „Loch-an-Loch-Bohren" gewonnenen Block von etwa 60 cm Kantenlänge aus einem mittels Streckenvortriebsmaschine aufgefahrenen Abbaustoß entstammt, wurde das Leine-Steinsalz zwar auch im Block, jedoch einem Stoß entnommen, der durch Schießarbeit beansprucht war. Über die Art der Gewinnung der Proben von „Steinsalz Gröna" ist nichts Näheres bekannt.

Mittels Tränkungsverfahren (Tränkungsmittel = Tetrachlorkohlenstoff) wurde die Porosität des Staßfurt-Steinsalzes (0,62%) und die des Leine-Steinsalzes (0,78%) bestimmt. Porositätsmessungen mit dem Quecksilberhochdruckporosimeter gelangen nicht. Die Ursache dafür ist wahrscheinlich vor allem darin zu suchen, daß bei der nötigen Kleinheit der in das Gerät einzubringenden Proben (etwa 1 cm^3) meist nur festverbundene Körner mit nahezu inpermeablen Zwischenflächen gemessen werden. Hinzu kommt der relativ große Fehlerbereich des Porosimeters für Proben geringer Porosität.

Die Permeabilität der verwendeten Probe des „Steinsalzes Gröna" beträgt 17,5 md. Für das Staßfurt-Steinsalz wurde an einer Reihe von Proben eine mittlere Permeabilität von 0,15 md, für das Leine-Steinsalz von 0,22 md gemessen. In Anbetracht der obenbeschriebenen Unterschiede im Kornverband des Staßfurt- und Leine-Salzes überraschen die annähernd gleichen Permeabilitätswerte und die geringen Porositätsunterschiede. Das resultiert daraus, daß sich beispielsweise aus dem relativ lockeren Kornverband des Leine-Steinsalzes nur aus den festesten Partien Probenkörper für die Durchflußmessung gewinnen ließen und somit gewissermaßen eine Selektion eintrat. Die Tränkung mit Kunststoff erfolgte dagegen auch an Proben mit lockerem Kornverband.

Auf eine weitere Beschreibung der verwendeten Proben, wie chemische oder mineralogische Zusammensetzung, soll hier verzichtet werden, da es bei den Versuchen vor allem auf das Sichtbarmachen möglicher Porenkanäle und Strömungswege ankam.

Hierbei wurde nach der von WATZNAUER, BÜNGER & KNEBEL (1965) angegebenen Methodik gearbeitet:

Tränken der Proben im Becherglas unter Vakuum (Dauer etwa 5 Stunden) mit einer Lösung aus 100 Teilen Diallylphtalat und 2 Teilen Dibenzoylperoxid;

Polymerisation bei 80 °C im Trockenschrank, nach Erreichen des Gelpunktes (nach 25 bis 50 Std.) nochmals einige Stunden Erhitzen bei 120 °C, dann langsam abkühlen lassen;

Becherglas zerschlagen, Freilegen des getränkten Gesteins durch Zerschneiden der mit Kunststoff ummantelten Probe;

Weglösen der Gesteinssubstanz (bei diesen Versuchen mit Wasser).

Die obengenannten Autoren stellten bei ihren Untersuchungen zuweilen Bläschenbildung und Ausschäumen während der Polymerisation fest und führten diese Reaktionen des flüssigen Kunststoffs auf die Berührung mit eventuell aus den Porenlösungen auskristallisierten Salzen zurück. Daher sei hier darauf hingewiesen, daß bei den durchgeführten Tränkungen an Salzen selbst bei keiner der vorliegenden Proben solche Nebenreaktionen zu beobachten waren.

Abb. 3 bis 8 zeigen die von den getränkten Salzproben erhaltenen Porenraumgerüste. Es ist erkennbar, daß sich der mittels Kunststoff modellierte substanzfreie Raum der Salzproben aus schmalen, mitunter weit ausgedehnten Flächen zusammensetzt. Diese „Porenraumflächen" haben viele meist unverbundene Verästelungen. Die Dicke der modellierten Strömungswege beträgt, grob gemessen, etwa 0,01 μm bis 100 μm.

Es ist schwer zu entscheiden, inwieweit die hergestellten Porenraummodelle repräsentativ für das gesamte Gestein sind, da nur die durch die Probenahme zufällig erfaßten Porenkanäle eines relativ kleinen Gesteinsstücks abgebildet werden können. Jedoch zeigt sich bei den vorhandenen Proben, daß die modellierten „Porenraumflächen" schon im Kleinen nur selten ein allseitig verbundenes Porenraumgerüst ergeben.

Im Interesse der Klärung solcher Probleme, wie sie eingangs erwähnt wurden (Kohlenwasserstoffmigration, Zirkulation von Lösungen im Salz), wären vor allem Untersuchungen an größeren Gesteinskörpern und möglicherweise untertägige Gasinjektionsversuche geeignet, Aufschluß darüber zu geben, ob die hier an Salz-

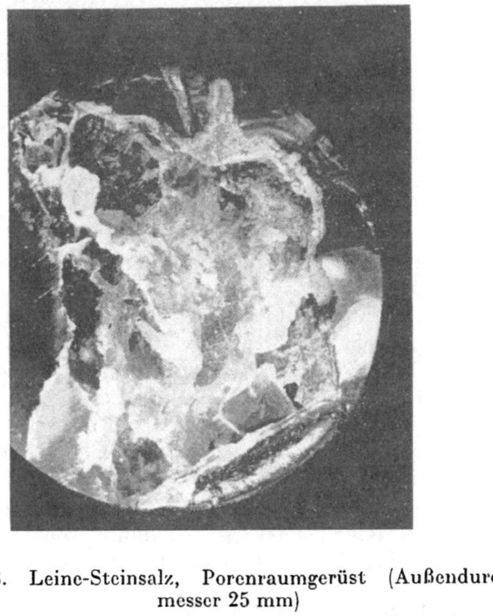

Abb. 8. Leine-Steinsalz, Porenraumgerüst (Außendurchmesser 25 mm)

(Sämtliche Abb. dieses Beitrags entstammen der Hochschulbildstelle der Bergakademie Freiberg.)

proben modellierten Strömungswege als weiträumige oder lokal begrenzt auftretende Porenraumsysteme zu betrachten sind.

Zusammenfassung

Die Verf. schildern eine Methode zur räumlichen Darstellung des substanzfreien Raumes in Salzgesteinen. Die Erörterung dieses Problems dient der Klärung der Salzgenese sowie der Fragen des Bergbaus und der Grubensicherheit.

Резюме

Авторы описываютом метод по пространственному изображению свободного вещества пространства в соляных породах. Обсуждение этой проблемы служит выяснению генезиса соли, а также вопросов горной промышленности и ее техники безопасности.

Summary

A method for the three-dimensional representation of the substance-free space in salt rocks is described and serves the purpose of explaining the genesis of salt as well as of solving mining and mine safety problems.

Literatur

AUFRICHT, W. R., & K. C. HOWARD: Salt characteristics as they affect storage of hydrocarbons. — J. Petrol. Technol., 8, 733—738 (1961).

BORCHERT, H.: Ein Vorschlag zur Verbesserung der mineralogisch-petrographisch geeigneten Körnungsstufen. — Neues Jb. Miner., Mh., 125 (1962).

CAVANAUGH, R. J., & C. F. KNUTSON: Laboratory technique for plastic saturation of porous rocks. — Bull. Amer. Assoc. Petrol. Geol., 44, 5, 628—630 (1960).

CORRENS, C. W.: Die Messung der Durchlässigkeit der Gesteine. — Oel u. Kohle, 38, 41, 1247—1253 (1942).

DREYER, W.: Die Festigkeitseigenschaften natürlicher Gesteine, insbesondere der Salz- und Karbonatgesteine. — Verl. Gebr. Borntraeger, Berlin 1967.

ETIENNE, J., & J. LE FOURNIER: Die Anwendung von gefärbten synthetischen Harzen zum Studium der Speichereigenschaften von Gesteinen an Dünnschliffen. — Revue de l'institut Français du pétrole, 4, 595 bis 629 (1967).

LANGA, F., & J. CASIAN: Studiul experimental pe mulajul spatiului poros al unor roci colectorare din zăcămintele de hidrocarburi din R. P. R. — Petrol şi gaze, 14, 12, 598—602 (1963).

LOTZE, F.: Steinsalz und Kalisalze. — Verl. Gebr. Borntraeger, Berlin 1957.

TOLLERT, H.: Beitrag zur Porosität von Salzgesteinen. — Kali u. Steinsalz, 4, 2, 55—60 (1964).

WATZNAUER, A., K. BÜNGER & B. KNEBEL: Beitrag zur räumlichen Darstellung des Porenraumes von Sedimentgesteinen. — Z. angew. Geol., 11, 2, 86—88, Berlin 1965.

L. W. TAUSON

Die Faktoren der geochemischen Geschichte seltener Elemente in den Granitoiden des magmatischen Prozesses[1]

L. W. TAUSON, W. D. KOSLOW & M. I. KUSMIN

Geochemische Kriterien der potentiellen Erzhöffigkeit von Granitoidintrusionen[2]

Referiert von WOLFGANG BEYER, Schneeberg

Es ist bekannt, daß die Stoffmenge, die in den Erzlagerstätten in konzentrierter Form auftritt, im Durchschnitt nur 0,01% von derjenigen ausmacht, die in den Gesteinen dispergiert ist. Auf dieser Grundlage haben sich Vorstellungen über die Existenz von besonderen Tiefenquellen der Erze entwickelt. Andererseits wird durch zahlreiche Untersuchungen bewiesen, daß die Elementgehalte in Gesteinen eines genetischen Typs ein bestimmtes Niveau innehalten. Die Schwankungen der primärmagmatischen Konzentration von Erzelementen übersteigen es im allgemeinen nicht mehr als 2- bis 3mal. Diese Konstanz in den Elementgehalten läuft parallel mit einem niedrigen Niveau der Dispersion in den Elementkonzentrationen.

Die Konzentration der Erzelemente ist die Folge einiger Besonderheiten bei der Intrusivbildung (Zusammensetzung, Größe, Bildungstiefe, Zeitdauer der Kristallisation, Temperatur- und Druckbedingungen, Fluidphase usw.). Gemeinsam mit den tektonischen Vorgängen an krustalen Schwächezonen bestimmen diese Besonderheiten sowohl das Verhalten der Spurenelemente während der Kristallisation und Differentiation der Magmen als auch die Maßstäbe und die Kinetik der Migrationsprozesse von leichtflüchtigen Verbindungen mit diesen Spurenelementen in allen Etappen der magmatischen und in verschiedenen Stadien der postmagmatischen Prozesse. Letztlich bestimmen sie auch die potentielle Erzhöffigkeit der Granitoidmassive. Dabei sind für einige Elemente (Sn, W, Nb, Ta u. a.) insbesondere die hohen Gehalte und der große Druckgradient der leichtflüchtigen Komponenten notwendige Anreicherungsbedingungen für die Spurenelemente in den apikalen Intrusivteilen.

Ihre Verbreitung in den Granitoiden zeigt, daß bei der Kristallisation und Differentiation saurer Magmen im Verhalten der Elemente zwei in ihrer Richtung unterschiedliche Prozesse auftreten.

[1] Aus: „Geochimija", Nr. 11 (1967), S. 1310—1319.
[2] Aus: „Probleme der Geochemie und Kosmologie". — XXIII. Intern. Geol.-Kongr., Vortr. sowjet. Geol., Probl. 6/13a, S. 166—172, Moskau 1968.

Ein Teil der Spurenelemente dispergiert bei der Magmenkristallisation und geht vorwiegend als isomorphe Beimengung in das Kristallgitter der gesteinsbildenden und akzessorischen Minerale ein. Diese Tendenz bezeichnet L. W. TAUSON als „kristallchemische Dispersion“. Ein anderer Teil kann sich in der Magmenschmelze infolge der Bildung stabiler Verbindungen mit den leichtflüchtigen Komponenten bis zu den Endstadien der Kristallisation halten. Die auf diese Weise in der Restschmelze konzentrierten Elemente können in den Gesteinen entweder als selbständige Minerale auftreten, oder sie migrieren in Gebiete verringerten Druckes und reichern sich in den sauren magmatischen Differentiaten und/oder in den apikalen Intrusivteilen an. Diese Tendenz nennt L. W. TAUSON die „Restkonzentration“.

Wenn die kristallchemische Dispersion überwiegt, wird die Verteilung des Spurenelements durch die Verbreitung desjenigen petrogenen Elements bestimmt, dem es kristallchemisch nahesteht. Die Tendenz der Restkonzentration wird durch das Gehaltsniveau und die geochemische Entwicklung solcher leichtflüchtigen Komponenten des Magmas festgelegt, mit denen ein bestimmtes Spurenelement chemisch zusammenhängt.

Die Autoren sind der Meinung, daß das Verhältnis zwischen den Spurenelementen der kristallchemischen Dispersion und der Restkonzentration im allgemeinen von der Zusammensetzung, der Größe, der Bildungstiefe und den tektonischen Bedingungen der Intrusionen abhängt.

Nach dem Charakter der Verteilung von Spurenelementen werden die Granitoidintrusionen demzufolge von den Autoren in folgende vier Gruppen untergliedert:

1. abyssale Batholithe,
2. mesoabyssale Batholithe,
3. hypabyssische Intrusionen mit einer niedrigen Fluidphase,
4. hypabyssische Intrusionen mit einer hohen Fluidphase.

Die abyssalen Batholithe bilden riesige Intrusionen, die in einer Teufe von 8 bis 10 km und einer ruhigen tektonischen Lage gebildet werden. Typisch sind eine homogene Zusammensetzung während der Hauptintrusionsphasen sowie ein niedriger Druckgradient der Fluidphase. Die intensive Kristallisationsdifferentiation führt zu einer starken Aufsplitterung und zu beträchtlichen Unterschieden in den Spurenelementgehalten der Endglieder einer jeden Differentiationsreihe. Bei der Verteilung der Spurenelemente dominiert die kristallchemische Dispersion. In den späten sauren Differentiaten werden diejenigen Elemente konzentriert, die kristallchemisch an Kalium gebunden sind (Tb, Tl, Pb u. a.). Es verringern sich Elemente, die kristallchemisch mit Mg und Fe korrespondieren (Zn, Cu, Ni, Co u. a.). Schließlich werden einige Spurenelemente, die sich kristallchemisch an Si und Al anlehnen und keinen stabilen Zusammenhang mit den leichtflüchtigen Komponenten besitzen, durch ihre Konzentrationsbeständigkeit in allen Gliedern des Magmenkomplexes charakterisiert (Ge, Ga, Mo u. a.).

Unter dem Gesichtspunkt der potentiellen Erzhöffigkeit verdienen die späten sauren Differentiate (mit leichtflüchtigen Komponenten angereicherte leukokrate Granite) Aufmerksamkeit. Besondere Beachtung muß solchen Komplexen in krustalen Schwächezonen der oberen Strukturstufe gewidmet werden, die in einer Teufe von 2 bis 4 km entstehen.

Im Susamyrsker Batholith (Tienschan) (Größe 10000 km²) verändern sich die Spurenelementgehalte von der ersten Intrusionsphase bis zu den Granitapliten für viele andere Elemente. Bei Mo, Ge und Ga fehlt ein derartiger Unterschied. Die gleiche Tendenz zeigen auch bestimmte Elementverhältnisse (Zn:Pb, Σ Ce:Σ Y).

Tab. 1. Das Zn:Pb-Verhältnis in Granitintrusionen verschiedenen Typs

Intrusivphase	abyssaler Batholith (Tienschan)	mesoabyssale Batholithe		hypabyssische Intrusion (Osttransbaikalien)	
		Osttransbaikalien	Westtransbaikalien	Schachtamij	Soktuskaja
I.	10	6	5,1	2,7	2,1
II. (Hauptphase)	2,2	3,2	2,8	1,7	2,0
III. Gangserie	0,9	2	1,6	1,1	2,2
(Aplite)	0,3	0,4	0,7	–	–

Das Zn:Pb-Verhältnis (Tab. 1) verändert sich in abyssalen Batholithen von der ersten Intrusionsphase bis zu den Granitapliten um das 33fache, in mesoabyssalen Batholithen um das 10- bis 12fache, in hypabyssischen Intrusionen mit geringer Fluidphase bis auf das 2,5fache. In denjenigen mit hoher Fluidphase hat sich der Unterschied praktisch ausgeglichen. Das Verhältnis Σ Ce:Σ Y verändert sich von abyssalen Batholithen mit 5,8 (Hauptintrusionsphase) über 2,1 (leukokrate Granite) bis zu 0,3 (Granitaplite). Die Ursachen für diese Verringerung der Unterschiede in den Spurenelementgehalten erblicken die Autoren in der Intensität der Kristallisationsdifferentiation. Dabei erscheint ihnen insbesondere das Verhältnis Σ Ce:Σ Y wichtig, da diese Elemente im Bereich der kristallchemischen Dispersion vorherrschen und deshalb zur Beurteilung der Intensität der Kristallisationsdifferentiation einzelner Intrusionen am besten geeignet erscheinen.

Eine weitere wichtige Besonderheit in der Verteilung der Spurenelemente abyssaler Granitoide ist die niedrige Dispersion (s) der Elementkonzentrationen innerhalb der Intrusiva. Im Durchschnitt ist sie in abyssalen Granitoiden halb so groß wie in mesoabyssalen.

Die mesoabyssalen Batholithen werden in einer Teufe von 4 bis 5 km gebildet. Sie sind durch eine Vielfalt fazieller Gesteinsvarietäten (Monzonite, Syenitdiorite, Quarzsyenite, Granosyenite, Adamellite usw.), insbesondere in den Hauptintrusivphasen, gekennzeichnet. Diese wurden durch eine unruhige tektonische Lage und verschiedentlich auch durch eine Heterogenität in der Ausgangsschmelze hervorgerufen.

Ähnliche Bedingungen haben auch bei der Verteilung der Spurenelemente eine Rolle gespielt. Vor allem tritt infolge einer gewissen Verhinderung der Kristallisationsdifferentiation keine scharfe Anreicherung oder Verarmung von Spurenelementen in den Endgliedern der Magmenserien auf. Weiterhin ist in Verbindung mit den tektonisch unruhigen Bildungsbedingungen und bei der faziellen Vielfalt von Gesteinen in mesoabyssalen Batholithen eine Erhöhung der Dispersion fast aller Elemente zu verzeichnen. Die Ursache hierfür sehen die Autoren in der geringen Stabilität der Kristallisationsbedingungen von Magmenschmelzen gegenüber den abyssalen Batholithen.

Diese Unstabilität führt in Verbindung mit der geringen Bildungstiefe zu einer Entgasung der Intrusionen. Infolge des hohen Druckgradienten der Fluidphase erfolgt eine Migration der leichtflüchtigen Komponenten und der Spurenelemente nach oben. Interessant ist der Umstand, daß die größte Entgasung bei den jüngsten sauren Differentiaten erfolgt (Tab. 2).

In der Hauptintrusionsphase einiger mesoabyssaler Batholithe ist eine beträchtliche Fluor- und Lithiumkonzentration zu verzeichnen. Derartige Anreicherungen sind in den apikalen Teilen der Hauptintrusionsphasen die Ursache für hohe Gehalte an Zinn, Niob und Thallium. In den letzten Phasen ist dagegen eine Abnahme von Fluor und Lithium zu beobachten, was zweifellos auf die Entgasung zurückzuführen ist. In abyssalen Batholithen kann eine derartige Verarmung nicht festgestellt werden. Hier sind im Gegenteil die sauren Differentiate mit leichtflüchtigen Komponenten und Spurenelementen angereichert.

Tab. 2. Die mittleren Li- und F-Gehalte in abyssalen und mesoabyssalen Batholithen

Element	Batholithe	1. Intrusivphase	2. Hauptintrusivphase	3. Intrusivphase	Aplite
Fluor, in %	Susamyrsk (abyssal. Batholith)	0,070	0,100	0,125	0,025
	Werchneudinsk	0,045	0,068	0,058	–
	Dshidinsk	0,082	0,098	0,079	0,015
	Kalbinska	0,070	0,150	0,066	0,018
Lithium, in g/t	Susamyrsk	28	32	55	7
	Werchneudinsk	25	42	39	8
	Dshidinsk	34	35	32	10,5
	Kalbinska	85	123	77	26
F:Li-Verhältnis	Susamyrsk	25	31	23	31
	Werchneudinsk	18	16	15	–
	Dshidinsk	24	28	25	14
	Kalbinska	8	12	9	7

Die Entgasung der Endglieder mesoabyssaler Magmenserien wird von starken postmagmatischen Prozessen begleitet.

Ungeachtet der Unterschiede zwischen dem Verhalten der Spurenelemente in abyssalen und mesoabyssalen Batholithen dominiert in beiden Intrusivtypen die kristallchemische Dispersion der Elemente. Die Tendenz der Restkonzentration kann in begrenztem Maße in den späten Differentiaten der abyssalen Batholithe und in den Hauptintrusionsphasen der mesoabyssalen Batholithe auftreten. Die mesoabyssalen Batholithe besitzen nur eine geringe potentielle Erzhöffigkeit.

Die Verteilung der Spurenelemente in den hypabyssischen Intrusiva unterscheidet sich wesentlich von ihrer Verbreitung in den erstgenannten Typen. Das geochemische Verhalten der Spurenelemente wird in diesen durch ihre begrenzte Ausdehnung, die relativ geringe Bildungstiefe (2 bis 4 km) und die Besonderheiten des Stoffbestands bestimmt. Gleichzeitig muß erwähnt werden, das diese Intrusiva oftmals nur in ihren apikalen Teilen aufgeschlossen sind, so daß fälschlicherweise Vorstellungen über die hohen Spurenelementgehalte dieser Intrusion entstehen.

Die Verbreitung der Spurenelemente hängt in den hypabyssischen Intrusionen vom Gehaltsniveau der leichtflüchtigen Komponenten und von den Bedingungen ihrer Entgasung ab. Die begrenzten Maßstäbe der Differentiation führen zu einer Verringerung der Unterschiede in den Spurenelementgehalten zwischen den einzelnen Intrusionsphasen. Genauso wie in den batholithischen Intrusionen herrscht hier die kristallchemische Dispersion vor. In hypabyssischen Intrusionen mit einer geringen Fluidphase wird die Dispersion der Spurenelemente gering sein. Sie erhöht sich mit einer auftretenden Fluidphase. In Intrusionen solcher Art sind die Verhältnisse kompliziert, da die Spurenelementgehalte im oberen Teil der Magmatitkörper größer und im tieferen Teil geringer werden. Die Bedeutung der Kristallisationsdifferentiation wird zurücktreten. Die Entgasung der tieferen Intrusivteile, insbesondere während der spät- und nachmagmatischen Intrusionsstadien, führt zum Vorherrschen eines verbreiteten Emanationstransports der Spurenelemente. Das Problem der Entgasung derartiger Intrusiva ist, wie bereits angedeutet wurde, noch umstritten, da zur Zeit nur Angaben aus den oberen Intrusivteilen bekannt sind. Durch die Entgasung wird die Tendenz der Restkonzentration der leichtflüchtigen Komponenten und der damit zusammenhängenden Spurenelemente, insbesondere in den späten Differentiaten, noch verstärkt.

Mit der Gehaltszunahme einiger Spurenelemente in den oberen Teilen der hypabyssischen Intrusiva sind für diese hohe Dispersionswerte festzustellen. Im Vergleich zu den hypabyssischen Intrusionen mit einer niedrigen Fluidphase kann in solchen mit einer starken Fluidphase eine 15- bis 20fache Erhöhung der Dispersion von Spurenelementen auftreten. In zahlreichen Intrusivkomplexen Transbaikaliens waren eine Zunahme der Elementgehalte in den oberen Intrusivteilen (Li, Be, Sn, W, Nb, Ta u. a.) und gleichzeitig eine zunehmende Dispersion ihrer Konzentration zu beobachten.

Die Dispersion der Spurenelemente ist nach den Autoren ein wichtiges geochemisches Kriterium für die Beurteilung der potentiellen Erzhöffigkeit von Intrusiva hinsichtlich Sn, W, Nb und Ta. Ein weiteres wichtiges Kriterium der potentiellen Erzhöffigkeit von Granitoiden ist die Zunahme der Spurenelemente in den Mineralen der Finalstadien der Magmenerstarrung. Sie ist ein Ausdruck der Restkonzentration von Spurenelementen, die während der Magmenkristallisation in der Schmelze verblieben sind und erst in den abschließenden Stadien in den festen Zustand übergehen konnten. Eine Konzentration von Zinn wurde im Schachtamsker Massiv (Tienschan) vor allem in Feldspäten, Hornblenden, Biotiten, Quarz und Sphen gefunden.

Die größte potentielle Erzhöffigkeit besitzen die hypabyssischen Intrusiva mit hohen Gehalten an leichtflüchtigen Komponenten, während denjenigen mit einer niedrigen Fluidphase nur eine geringe potentielle Erzhöffigkeit beizumessen ist.

Zeitschrift für angewandte Geologie, Bd. 15 (1969), Heft 6

Vergleichende Betrachtungen zum Senkungsgeschehen in Staßfurt unter Berücksichtigung bergschadenkundlicher und gebirgsmechanischer Parameter

ERNST BERTHOLD, Leipzig

Bereits auf einer Arbeitstagung über Auslaugungs- und Senkungserscheinungen in der Stadt Staßfurt im Jahre 1966 wurden Ergebnisse bergschadenkundlicher Untersuchungen mit dem Ziel einer Einschätzung der Sicherheit der Tagesoberfläche und der Möglichkeiten einer weiteren Bebauung vorgetragen. Ohne auf die geologischen Voraussetzungen und unterschiedlichen Abbauparameter hier nochmals einzugehen, sollen die aus markscheiderischen Messungen und bergschadenkundlichen Untersuchungen gewonnenen Erkenntnisse über das Senkungsgeschehen in Staßfurt zusammenfassend dargestellt werden.

Für die Absenkung der Tagesoberfläche infolge untertägiger Hohlraumbildung sind u. a. die Parameter Teufe, Baufeldgröße, Grenzwinkel, Einfallen und Mächtigkeit des Flözes, Grad der Durchörterung, Absenkungsfaktor, Gesteinsfestigkeit und Verformungsverhalten, Abbaufortschritt und Zeitfaktor von Bedeutung. Bei gleicher Mächtigkeit, Durchörterung, Abbauführung und Ausbildung der Festigkeitseigenschaften gilt der prozentuale Anteil der Teilfläche an der Vollfläche als Maß für die Absenkung. Aus einem Vergleich der für die Gruben „Leopoldshall", „v. d. Heydt/Manteuffel" und „Berlepsch-Maybach" nach PERZ (in NIEMCZYK 1949) ermittelten Vollflächenanteile (Tab. 1) ergibt sich eindeutig, daß die Baufeldgröße nicht ausschlaggebend für die unterschiedliche Größe der Senkungen an beiden Sattelflanken ist. Die großen Senkungen an der südwestlichen Sattelflanke (5,3 m seit 1883) sind vielmehr bedingt durch das Abbauverfahren (zu schwach dimensionierte Pfeiler und Schweben, zu spät oder ungenügend eingebrachter Versatz) und die durch Auslaugung und Bruchvorgänge hervorgerufenen Gebirgsbewegungen. Eine Analyse der Bruchwinkel zu den auf alten Plänen eingezeichneten Bruchzonen ergibt, daß die Anordnung nach der Theorie der Gebirgsbewegungen bei geneigter Lagerung (NIEMCZYK 1949) nicht vom Abbau des Flözes herrühren kann, da die Bruchlinien innerhalb der Lagerstätte liegen. Relativ zu einem Schwebenbruch auf der 2. Wettersohle der Grube Staßfurt zwischen Ort 3 und 9 betragen die Bruchwinkel $\beta_H = 72°$, $\beta_L = 86°$. Ferner ist eine Zuordnung zum Salzspiegel des Leine-Steinsalzes mit $\beta = 85°$ möglich. Da die Bruchzone nicht nur im Bereich des unter Tage aufgetretenen Bruches, sondern über dem gesamten südöstlichen Baufeld der Grube „v. d. Heydt/Manteuffel" ausgebildet ist, kann die Ablaugung des Jüngeren Steinsalzes als Ursache für die Tagesbrüche gelten. Zur Abschätzung des Auslaugungseinflusses dient ein Vergleich der Senkungen in einem Profil 500 m nordwestlich der Schloßstraße mit einem Profil durch diese Straße. Im erstgenannten Querschnitt sind die Grubenbaue zwischen 255 und 387 m Teufe voll wirksam bei einer über Tage bisher aufgetretenen Gesamtsenkung von 0,7—0,8 m. Die Senkung im Profil durch die Schloßstraße ergab sich zusätzlich durch Kainitbaue in 242 m Teufe und Steinsalzbaue in 334 m Teufe sowie Auslaugungsvorgänge im Deckgebirge, insbesondere Jüngeren Steinsalz. Wird der zusätzliche Einfluß der bergmännisch geschaffenen Hohlräume auf etwa 20% eingeschätzt, errechnet sich im Vergleich zum nordöstlichen Profil eine Absenkung von 0,9—1,0 m. Die tatsächlich aufgetretene Senkung ist infolge der Bruchvorgänge vor dem Ersaufen der Grube sowie des direkten und indirekten Einflusses der Auslaugung (Wegführung von Substanz aus dem Deckgebirge und Schwächung der Pfeiler und Bergfesten) um 4,3 m größer.

Tabelle 1. Ermittlung der Vollflächenanteile

„Leopoldshall"

Einfallen $\alpha = 20°$; Grenzwinkel $\gamma_L = \gamma_H = 55°$, Teufe unter dem Senkungsmaximum $T = 280$ m, Vollflächenanteil 54%.

Das Senkungsmaximum liegt ca. 90 m südlich eines Punktes, für den bei einem Vollflächenanteil von 86% theoretisch die maximale Senkung zu erwarten wäre.

„v. d. Heydt/Manteuffel"

$\alpha = 30°$ $\gamma_H = 50°$ $\gamma_L = 65°$ (nach WAGNER), $T = 335$ m.

Für das Senkungsmaximum beträgt der Vollflächenanteil in Übereinstimmung mit der Theorie 81%.

„Berlepsch-Maybach"

$\alpha = 47°$ $\gamma_H = 44°$ $\gamma_L = 76°$ (nach PELZEL),
$\gamma_H = 47$ bis $52°$ (nach BERTHOLD), $T = 550$ m.

Der Vollflächenanteil des Senkungsmaximums beträgt 89%. Für einen Punkt 30 m südwestlich wird ein Vollflächenanteil von 93% ermittelt.

Eine Trennung der Komponenten anhand des Senkungsdiagramms (Abb. 1) ergibt die in Tab. 2 aufgeführten Werte.

Tabelle 2

Zeitraum	Senkung m	Einflußfaktoren	durchschnittliche Senkungsgeschwindigkeit cm/Jahr
1883—1903	0,50	bergmännisch geschaffene Hohlräume einschließlich lokal begrenzter Bruchvorgänge	2,5
1914—1963	1,75	bergmännisch geschaffene Hohlräume nach Schwächung der Bergfesten durch Auslaugung	3,6
1903—1914	3,00	Laugeneinbruch und bergmännisch geschaffene Hohlräume	27,2

Eingang des Manuskripts in der Redaktion: 24. 10. 1968.

Die für die Schachtanlage „v. d. Heydt/Manteuffel" ermittelten Senkungsdaten treffen in der Größenordnung auch für die Grube „Leopoldshall" zu.

Infolge der stark geneigten Lagerung an der nordöstlichen Sattelflanke und des rechtzeitig in ausreichender Menge eingebrachten Versatzes hat die Tagesoberfläche im Bereich der Anlage „Berlepsch-Maybach" eine wesentlich geringere Absenkung erfahren. Zum Vergleich der unterschiedlichen Bedingungen wurden die in Tab. 3 aufgeführten durchschnittlichen Senkungsgeschwindigkeiten ermittelt.

Tabelle 3

Schacht-anlage	Flözein-fallen	Abbauverfahren bzw. Ursache für das Auftreten der Senkung	durchschnittliche maximale Senkungsgeschwindigkeit (cm/Jahr)
„Berlepsch-Maybach"	44–50°	streichender Kammerbau mit Bergeversatz	0,1–0,4
„v. d. Heydt/Manteuffel" NW-Feld	19–30°	querschlägiger Kammerpfeilerbau mit Bergeversatz	1,1
SE-Feld		querschlägiger Kammerpfeilerbau mit unterdimensionierten Bergfesten bzw. zu spät eingebrachtem Versatz	2,5
SE-Feld		querschlägige Abbaukammern mit unterdimensionierten, durch Ablaugung geschwächten Pfeilern und Schweben, Bergeversatz und Hydroversatz	3,6
SE-Feld		Laugeneinbruch	ca. 25

Ein zusätzlicher Auslaugungseinfluß in den angeführten Fällen bei Senkungsgeschwindigkeiten > 2 cm/Jahr ist wahrscheinlich.

1. Analyse des Senkungsverlaufs

Eine Analyse des Senkungsverlaufs erfolgt anhand von Linien gleicher Senkung und Schieflage, Senkungszeitkurven und Untersuchungen über Zwischenstadien, insbesondere der Bodenbewegungen über dem Sattelkern.

1.1. Senkungen an der südwestlichen Sattelflanke

In einem 1935 von WAGNER unterzeichneten Nivellementsplan (Abb. 2) sind die seit Gründung der Nivellementspunkte gemessenen Senkungen als Isokatabasen dargestellt. Hierbei handelt es sich nicht um einheitlich vergleichbare Ergebnisse; denn die Gründungszeiten differieren z. T. um 30 Jahre. Da die Punkte mit den maximalen Absenkungen als erste gegründet wurden, entsprechen die maximalen Senkungsbeträge etwa den realen Verhältnissen. Die randlichen Senkungsbeträge sind im Vergleich dazu meist auf jüngere Daten bezogen und daher zu klein. Bereits 1935 betrug die Gesamtsenkung über der ersoffenen Grube „v. d. Heydt/Manteuffel" beim Bohrloch II 5,04 m. Die Lage der Linien gleicher Absenkung stimmt in den Randgebieten auf 10—40 m mit der Situation von 1964 überein (Abb. 3). Im Muldenzentrum hat sich das Senkungstiefste inzwischen bei den alten Solbrunnen auf dem Werkgelände der Schachtanlage „v. d. Heydt/Manteuffel" eingestellt. Zwischen den genannten Senkungszentren befindet sich der obenerwähnte Schwebenbruch auf der 2. Wettersohle der Grube Staßfurt. Weitere Senkungsmaxima der 450—650 m breiten Senkungsmulde sind am Rande des Markscheidesicherheitspfeilers zwischen Staßfurt und „Leopoldshall" über der 4. Etage der Grube „Leopoldshall" — der vermutlichen Laugendurchbruchsstelle — sowie über dem Bruchfeld auf der IV. Sohle dieser Grube ausgebildet. Zwischen der Senkungsnullinie und der Isokatabase 0,1 m liegt eine Distanz von 100—180 m. Für die durch Auslaugung entstandenen Muldentiefsten ist ein trichterförmiges Relief charakteristisch.

Einen Einblick in die Zwischenstadien vermitteln Abb. 4 und 5. Im Plan der 1962 bis 1964 aufgetretenen Senkungen fällt auf, daß die Senkungsmaxima auf dem alten Salinengelände und über dem Markscheidesicherheitspfeiler um 60—90 m entgegen dem Flözeinfallen nach NE verlagert sind. Unter der Voraussetzung, daß für die Konstruktion des Maximums

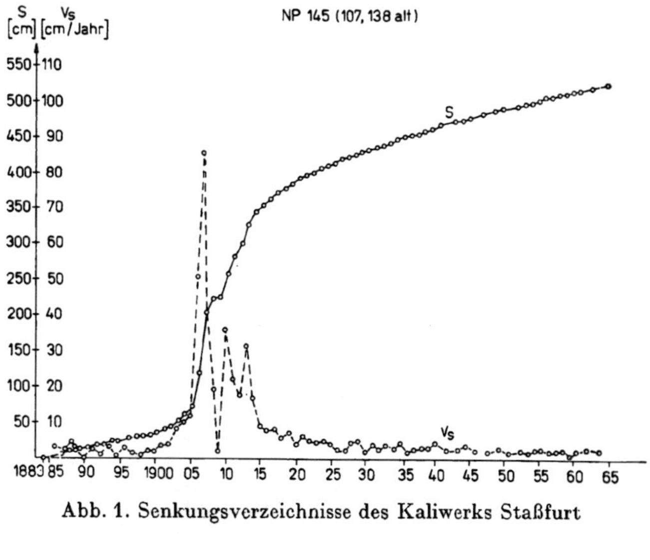

Abb. 1. Senkungsverzeichnisse des Kaliwerks Staßfurt

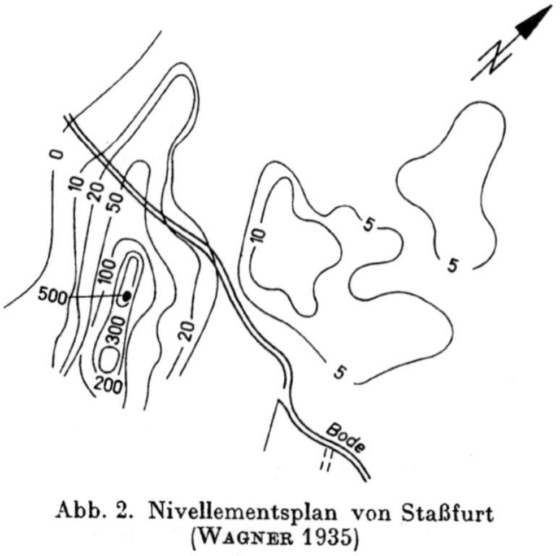

Abb. 2. Nivellementsplan von Staßfurt (WAGNER 1935)

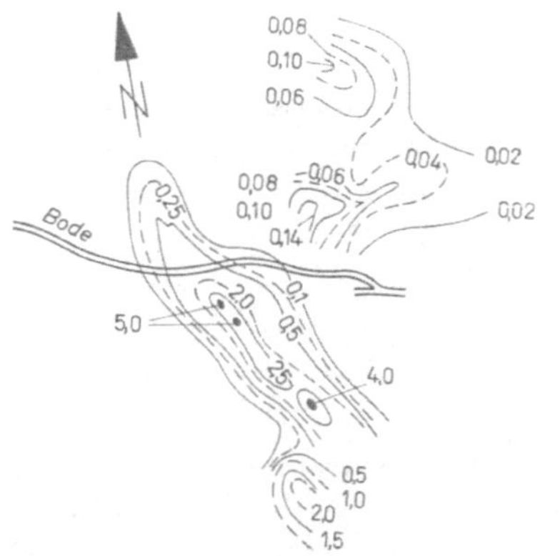

Abb. 3. Senkungsplan der Stadt Staßfurt, Stand 1964

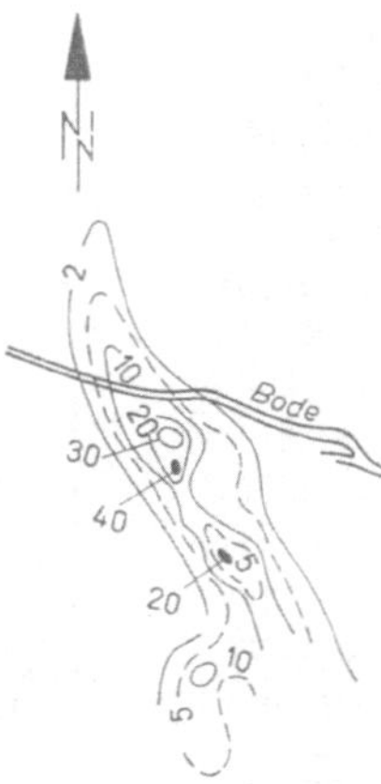

Abb. 4. Senkungsplan, jährliche Senkungen 1948 bis 1962 (mm)

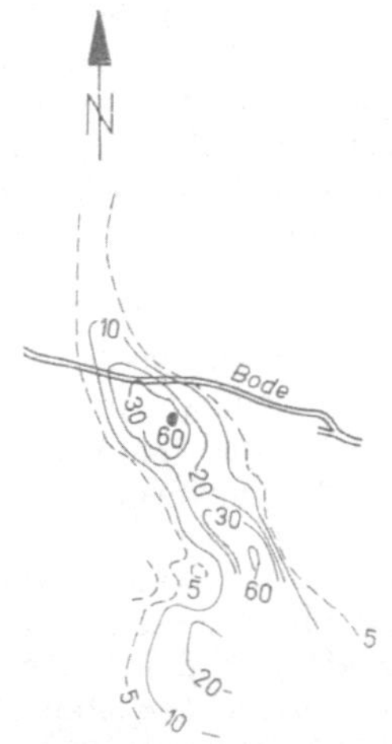

Abb. 5. Senkungen 1962—1964 (WEIHER 1964)

Punkte gleichen Gründungsdatums bzw. gleiche Ausgangszeiten verwandt worden sind, kann angenommen werden, daß die Lage der Senkungsmaxima und auch die Lageänderung zu den Gesamtsenkungsmaxima auf ca. 15 m genau ermittelt wurden.

Die Verlagerung kann durch allmähliches Wandern untertägiger Setzungs-, Kriech- und Bruchvorgänge oder durch eine langsam voranschreitende Auslaugung infolge Laugenströmungen erklärt werden, für deren Entstehung BÖRGER (1942) mehrere Ursachen angeführt hat.

Die jährlichen Senkungen von maximal 30 mm sowie seltener sprunghaft auftretende größere Absenkungen müßten sich beim Fehlen einer Auslaugung durch einen Laugenrückstau nach dem Deckgebirge ausgleichen, der zur Versalzung des Grundwassers, zu Grundwasserschwankungen und als Folge davon auch zu Hebungen über dem Sattelkern führen könnte. Eine Kombination dieser Vorgänge mit Auslaugung erscheint am wahrscheinlichsten.

Aus dem Senkungsdiagramm des Punktes 145 (Schloßstraße) (Abb. 1) geht hervor, daß sich die maximalen Senkungsgeschwindigkeiten von 86 cm/Jahr beim Ersaufen der Gruben kurz vor Erreichen des höchsten Laugenstandes einstellen. Innerhalb von zwei Jahren sinken danach die Geschwindigkeiten auf einen Betrag, der den langfristig auftretenden Senkungen mit abklingender Tendenz entspricht. Deutlich sind das endgültige Ersaufen der Grube Staßfurt, der Zeitpunkt des Versagens der Laugenabdämmung zwischen Staßfurt und Neustaßfurt und das eigentliche Ersaufen der Grube Neustaßfurt zu unterscheiden. Nach 1913 zeigt die Senkungsgeschwindigkeit des Punktes 145 eine abklingende Tendenz von 0,25 mm $J.^{-2} = 1$ cm/40 $J.^2$. Die gleiche Tendenz ist beim Pkt. 156 sowie bei Pkt. 126 des Senkungsverzeichnisses von „Leopoldshall" zu erkennen, dessen Absenkung für das Zentrum der Senkungsmulde über dem Markscheidesicherheitspfeiler zwischen den Gruben Staßfurt und „Leopoldshall" als typisch gelten kann. Nach 1930 ist im Muldengebiet an der südwestlichen Sattelflanke bei 25 von 48 untersuchten Punkten eine gleichbleibende, bei 13 Punkten eine abnehmende Senkungsgeschwindigkeit festzustellen. Bei 10 Punkten erhöhte sich die Senkungsgeschwindigkeit (Tab. 4).

Tab. 4. Punkte mit zunehmender Senkungsgeschwindigkeit

Punkt	Zeitraum	$\dot{s}$ cm/Jahr	Zeitraum	$\dot{s}$ cm/Jahr
163	1935–1949	± 0	1960–1964	0,8
152	1933–1943	1,9	1960–1964	3,3
98	1935–1942	1,5	1960–1964	2,2
95	1935–1940	1,0	1960–1964	2,2
130	1933–1938	0,6	1959–1964	1,4
114	1933–1938	0,1	1959–1964	1,0
119	1930–1942	± 0	1960–1964	0,8
83	1944–1952	± 0	1960–1964	0,4
85	1944–1949	± 0	1960–1964	0,5
86	1933–1942	0,1	1958–1964	0,5

Eine Ausnahme bildet HB 158 am Anbau der Johanniskirche, der 1944 bis 1951 um 2,1 cm/Jahr, 1951 bis 1958 um 7,1 cm/Jahr und 1958 bis 1964 um 2,7 cm/Jahr absank. Die Punkte der Senkungszunahme befinden sich in einer ca. 100 m breiten Zone, die sich vom Bahnhof über das Tränenthal und die Karl-Marx-Straße zum alten Salinenhof erstreckt und dann nach Norden zur August-Bebel-Straße, Ecke Hohlweg, abbiegt. Ein schmaler Streifen der Senkungszunahme wird durch die Punkte 83, 85, 86 auf der Hecklinger Straße begrenzt. Die Fläche des derzeitigen Senkungsgebiets ist praktisch identisch mit der von der Gesamtsenkung betroffenen Fläche; nur an der südwestlichen Grenze des Grubenfeldes „Leopoldshall" scheint sich eine geringe Ausweitung anzudeuten.

1.2. Senkungen über dem Sattelkern und Hebungszonen

Im Plan der Gesamtsenkungen bis 1935 (Abb. 2) ist über dem Sattelkern nördlich der Bode eine geschlossene Senkungsmulde von 0,14 m Tiefe eingetragen, deren Rauminhalt bei einer Fläche von 38 ha ca. 15000 m^3 beträgt. Auf dem Gesamtsenkungsplan von 1964 (Abb. 3) wurde die Mulde nur zur Hälfte durchkonstruiert und nicht mit dem südlichen Senkungsgebiet in Beziehung gesetzt, da die Gründung der Nivellementspunkte erst 1907 erfolgte. Eine Überprüfung der Konstruktion von 1935 ergibt, daß keine zwingende Notwendigkeit besteht, die Mulde mit der 5-cm-Isokatabase nach Süden zu schließen, da sich das Muldentiefste an der südlichen Grenze befindet und zwischen dem Punkt mit der Senkung 0,14 m nördlich der Bode und den gegenüberliegenden Punkten des gleichen Senkungsbetrages südlich der Bode keine geringeren Senkungsbeträge gemessen wurden. Vermutlich steht die Mulde über dem Sattelkern mit der an der südwestlichen Sattelflanke in Verbindung. Abb. 6 zeigt die nach dieser Auffassung durchgeführte Konstruktion der Isolinien, deren Verlauf sich im Prinzip nicht ändert, wenn die Senkungen der randlichen Punkte des südlichen Troges ebenfalls auf 1907 bezogen werden. Deutlich sichtbar ist eine ca. 150 m breite, auf das Senkungsmaximum der südlichen Mulde gerichtete Ausflußöffnung der nördlichen Mulde. Der zeitliche Verlauf der Senkungen wurde anhand der Senkungszeitkurve des Punktes 49/194 analysiert (Abb. 7). Von 1907—1912 erfolgte die Senkung mit einer Geschwindigkeit von ca. 1 cm/Jahr. Im folgenden Jahr, in dem die Grube Neustaßfurt endgültig absoff, trat eine Senkung von 8 cm auf, die sich danach innerhalb von 5 Jahren nur noch um 2 cm vergrößerte. 1918—1935 und 1936—1954 wurden, mit Ausnahme eines Sprunges von 2 cm in den Jahren 1935/36, keine weiteren Veränderungen registriert. 1955—1962 wies das Senkungsverzeichnis eine Hebung von 1 cm auf. Die Senkungszeitkurve erhärtet die Annahme, daß die nördliche Mulde über dem Sattelkern mit der südlichen und dem Ersaufen der Grube Neustaßfurt durch Laugenzudrang aus der Grube Staßfurt in einem ursächlichen Zusammenhang steht.

Eine Überprüfung der Punkte, an denen zeitweilig eine Hebung gemessen wurde, ergab, daß sich am Rande nordöstlich der Hauptmulde mehr oder minder große Hebungszonen befinden, die in der Zeit nach 1948 entstanden sind. Da die Hebungsbeträge durchweg unter 2 cm liegen, bleibt es der Markscheiderei vorbehalten, die Signifikanz der gemessenen Bewegungen zu beurteilen. Besonders auffällig ist jedoch die Gruppierung der Zonen am Rande des Senkungsgebiets und beiderseits der Ausflußöffnung der Sattelmulde, die auch in der Hebungsperiode der benachbarten Punkte eine geringe Senkung zeigt (Abb. 8).

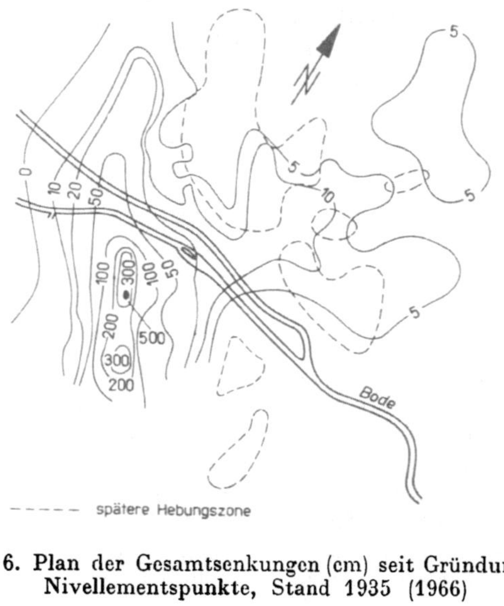

Abb. 6. Plan der Gesamtsenkungen (cm) seit Gründung der Nivellementspunkte, Stand 1935 (1966)

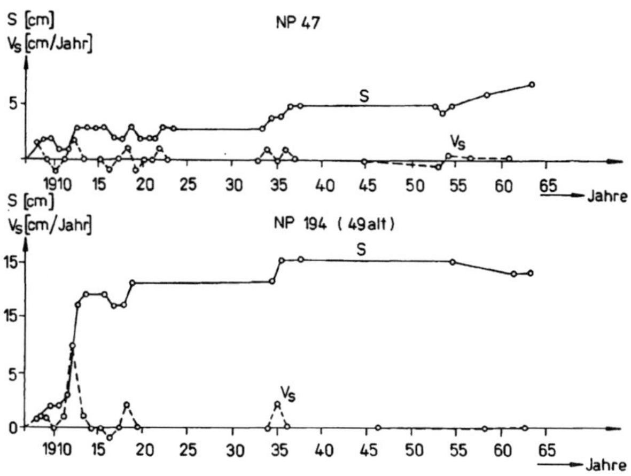

Abb. 7. Senkungsverzeichnisse des Kaliwerks Staßfurt

1.3. Senkungen an der nordöstlichen Sattelflanke

Zur Gründungszeit der Nivellementspunkte über der Schachtanlage „Berlepsch-Maybach" waren im Bereich der First 6 etwa 50% des insgesamt gewonnenen Lagerstättenanteils abgebaut. Die im Plan der Gesamtsenkung seit 1907 (Abb. 3) über dem Grubenfeld eingezeichneten Linien gleicher Senkung geben somit nur einen Teilbetrag der durch Bergbau an der nordöstlichen Sattelflanke verursachten Gesamtbewegung wieder. Die gemessenen Senkungen betragen maximal ca. 0,1 m, womit die Stabilität der Grubenbaue in Verbindung mit dem rechtzeitig eingebrachten Versatz erwiesen ist. Die Senkungszeitkurve des NP 47 (Abb. 7) zeigt, daß die Senkung unabhängig von den Auslaugungsvorgängen im Sattelgebiet relativ gleichmäßig mit der geringen Geschwindigkeit von maximal 1 cm/Jahr (durchschnittlich 1,3 mm/Jahr) erfolgte. Damit dürfte erwiesen sein, daß Senkungen durch Auslaugungsvorgänge größeren Umfangs über dem Grubengebäude der Schachtanlage „Berlepsch-Maybach" bisher nicht aufgetreten sind.

1.4. Aus Isokatabasen abgeleitete Schieflagen und Krümmungsradien

Für die Beurteilung der Schädlichkeit von Bodenbewegungen sind außer den absoluten Senkungen auch die Senkungsunterschiede, die Krümmungsradien und die horizontalen Längenänderungen von Bedeutung. Aus den markscheiderischen Senkungsnivellements wurden Linien gleicher Absenkung, Schieflage und Krümmungsradien abgeleitet, deren Genauigkeit jedoch wegen der unterschiedlichen Gründungsdaten der Nivellementspunkte und eines z. T. relativ hohen Punktabstandes schwer abzuschätzen ist. Bei exakter Wahl eines einheitlichen zeitlichen Bezugspunktes und einem mittleren Fehler der Punkthöhen von $\pm$ 1,5 mm ergeben sich im Senkungszentrum die in Tab. 5 aufgeführten mittleren Lagegenauigkeiten der Isolinien.

In den Senkungsrandgebieten kann der mittlere Lagefehler den siebenfachen Betrag erreichen. Die Übersicht

Tabelle 5

	seit 1883	jährliche Teilbeträge
Isokatabasen, absolut	± 0,3 m	± 15 m
relativ	± 0,04 m	± 2,0 m
Schieflagen	± 0,11 m	± 3,6 m
Krümmung	± 0,25 m	± 4,6 m

zeigt, daß die Genauigkeit der aus Isokatabasen abgeleiteten Isolinien etwa in der Größenordnung der ursprünglich vorhandenen Genauigkeit liegt, so daß die Konstruktion von Linien gleicher Schieflage und Krümmungsradien aus Senkungskurven zulässig ist. Aus den Linien gleicher Schieflage seit 1883 (Abb. 9) ergibt sich, daß vom Rande des Senkungstroges nach dem Muldenzentrum hin eine zunächst schwache, dann starke Zunahme der Schieflagen bis zum maximalen Betrag von 10 cm/m erfolgte. Im Gegensatz zu einer ausschließlich durch Bergbau verursachten Mulde beträgt die Breite des Muldenkerns (Gebiet zwischen den Linien der maximalen Schieflage) nur ca. 70 m, d. h. 10% der gesamten Muldenbreite. Deutlich ist die trichterförmige Beschaffenheit des Muldentiefsten am Großen Markt zu erkennen, wo sich auf engstem Raume Schieflagen unterschiedlicher Vorzeichen von 2 cm/m gegenüberliegen. Die Mulden über dem Markscheidesicherheitspfeiler und im Bereich des Güterbahnhofs sind bei maximalen Schieflagen von 5 bzw. 2 cm/m flacher gestaltet.

Die jährliche Zunahme der Schieflagen beträgt im Maximum 0,25 mm/m mit Ausnahme des Senkungszentrums im Salinenhof, wo 1,0 mm/m erreicht wurden (Abb. 10). Auch aus dem Plan der Schieflagen im Zeitraum 1962—1964 ist die Verlagerung der maximalen Senkungstätigkeit nach Norden zu ersehen. Von Bedeutung für die Einschätzung möglicher Bergschäden ist die Tatsache, daß sich die derzeitige Senkungstätigkeit praktisch auf der gesamten bisher von der Senkung betroffenen Fläche vollzieht und daß schon im Rand-

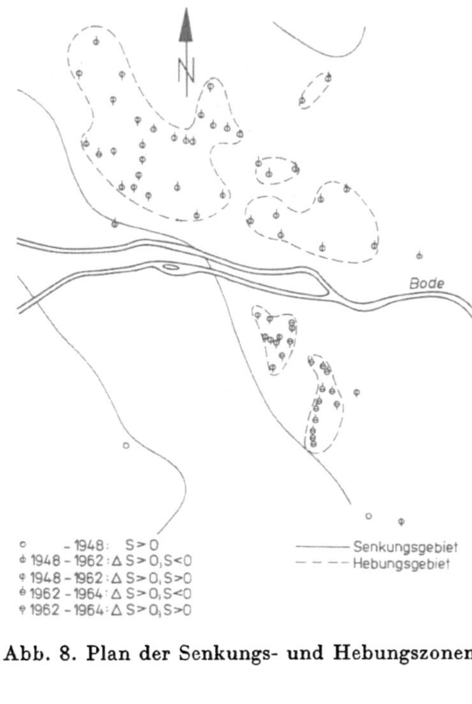

Abb. 8. Plan der Senkungs- und Hebungszonen

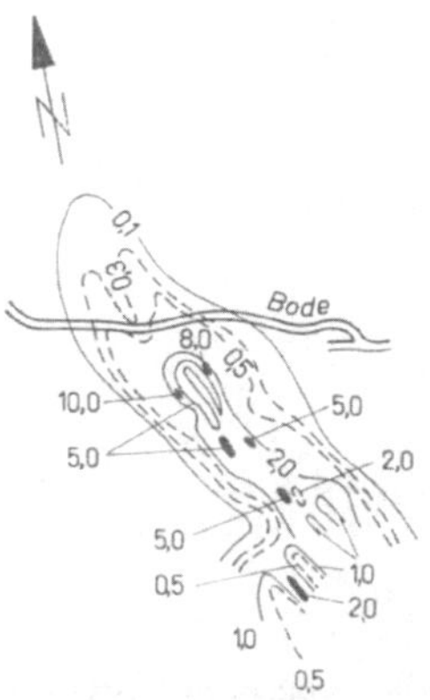

Abb. 9. Plan der Schieflagen (cm/m) seit 1883

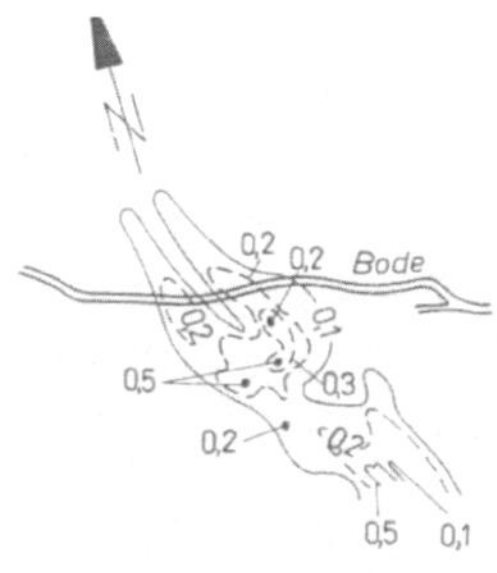

Abb. 10. Plan der Schieflagen (mm/m) 1962—1964

gebiet jährlich Schieflagen in der Größenordnung von 0,05 mm/m auftreten. Daraus geht hervor, daß das Auftreten von Bergschäden im Muldengebiet in Abhängigkeit von der Konstruktion und Größe der Gebäude nur eine Frage der Zeit ist.

In Abb. 11 wurden die aus den Schieflagekurven ermittelten Linien der minimalen Krümmungsradien dargestellt. Während im nordwestlichen Randgebiet nach dem Achenbach-Schacht zu die Krümmungsradien 50 bis 200 km betragen, verringern sie sich vom Rande des übrigen Muldengebietes bis zur Linie des Vorzeichenwechsels (Grenzlinie der Kernzone) von 50 km auf 1 km. Auch in der Kernzone, mit Ausnahme des Senkungsmaximums an der Johanniskirche, wo ein Krümmungsradius von ca. 100 m errechnet wird, ergeben sich im allgemeinen keine geringeren Werte. Aus der jährlichen Schieflagenzunahme geht hervor, daß die jährliche Krümmungszunahme 1/100—600 km beträgt. Nur im Gebiet der z. Z. maximalen Senkungstätigkeit auf dem Salinenhof kommen Krümmungszunahmen von jährlich 1/10—1/60 km vor. Die Linie des Vorzeichenwechsels der Krümmung (Linie der maximalen Schieflage) verläuft im Abstand von 20 bis 70 m parallel zur Bruchkante im Muldeninneren.

1.5. Vergleich mit Ergebnissen von Gebäudeaufnahmen der Hochschule für Bauwesen, Leipzig

Ein Vergleich der von Prof. BERGER zur Verfügung gestellten Karte der Gebäudeschiefstellungen, die nach einer Aufnahme der Hochschule für Bauwesen, Leipzig, vom Büro für Städtebau, Magdeburg, Brigade Halberstadt, entworfen wurde, mit dem Schieflageplan (Abb. 9) zeigt eine gute Übereinstimmung der nach unterschiedlichen Methoden ermittelten Größen.

Für die Form der Senkungsmulde an der südwestlichen Sattelflanke ist charakteristisch, daß die Maxima der Schieflage und der Zerrung nur wenig auseinander liegen und daß die maximale Krümmung in der Pressungszone des Muldenkerns am Großen Markt sowie in der Nachbarschaft der Grenzlinie der Kernzone auftritt. Eine Schädigung der Gebäude wird daher häufig durch Schieflage und Zerrung oder Pressung, z. T. mit Krümmung kombiniert, erfolgt sein, wie die Häufung der Bergschäden in einem ca. 200 m breiten und 500 m langen Gebiet beweist, dessen Längsachse in Richtung des Einfallens der Lagerstätte von der Eisenbahn-

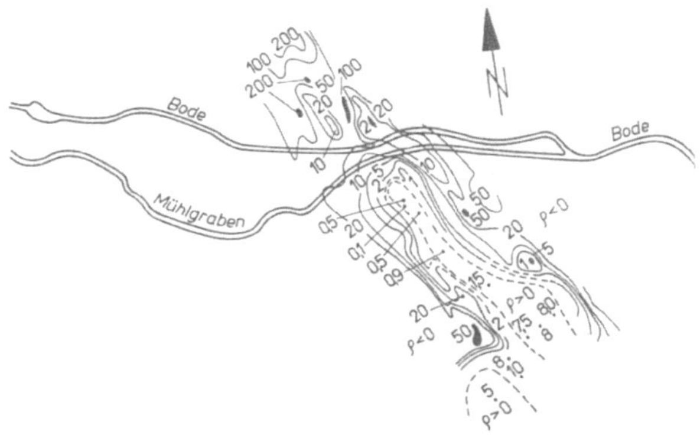

Abb. 11. Plan der minimalen Krümmungsradien (km) 1883—1962

brücke über die Bode nach dem Muldentiefsten hin gerichtet ist (Abb. 12). Die Schadenszone liegt in der Verlängerung der Ausflußrinne der um 1912 über dem Sattelkern entstandenen Senkungsmulde (vgl. Abb. 6 und 8). Weitere Schadensprofile geringerer Ausdehnung zeichnen sich über der Lagerstätte am linken Bodeufer und beiderseits des Markscheidesicherheitspfeilers zwischen den Gruben Staßfurt und „Leopoldshall" ab. Für die erstgenannte Stelle ist charakteristisch, daß beim Fehlen eines größeren Auslaugungseinflusses in der Einwirkungsfläche vorwiegend bergmännisch geschaffene Hohlräume wirksam waren. Da Alter, Größe und bauliche Ausführung der erfaßten Gebäude unterschiedlich sind, ermöglicht die festgestellte Verteilung der Gebäudeschäden keine eindeutige Aussage über die Gefahrenzonen. Auch mit Hilfe der Bergschadenkunde ist eine genaue Lokalisierung der Zonen maximaler Zerrung nicht möglich, da als Ursache neben der Auslaugung des Leine-Steinsalzes lokal begrenzte Brüche von Bergfesten im Grubengebäude oder auch der gesamte abgebaute Hohlraum in Frage kommen.

2. Schlußfolgerungen auf den weiteren Bewegungsverlauf

Die Untersuchungen ergaben, daß im gesamten bisher von der Senkung betroffenen Gebiet auch weiterhin Bewegungen mit annähernd konstanter Geschwindigkeit auftreten, wobei es jährlich zu maximalen Senkungen von 30 mm, Schieflagen von 0,25—1 mm/m, horizontalen Längenänderungen von schätzungsweise 0,15 mm/m und Krümmungen von 1/10—600 km kommt.

Selbst in den Muldenrandgebieten beträgt die jährliche Zunahme der Schieflagen ca. 0,05 mm/m bei Zerrungen von schätzungsweise gleicher Größenordnung. Die Verteilung der aufgetretenen Bergschäden zwingt zu der Annahme, daß auch die geringen Bewegungen in den Randgebieten je nach Größe und baulicher Ausführung der Gebäude zu Schäden führen können. Hieraus erwächst die Notwendigkeit, für die Werterhaltung der Gebäude in der Senkungsmulde ständig Mittel bereitzustellen, da in Abhängigkeit von der Bewegungs-

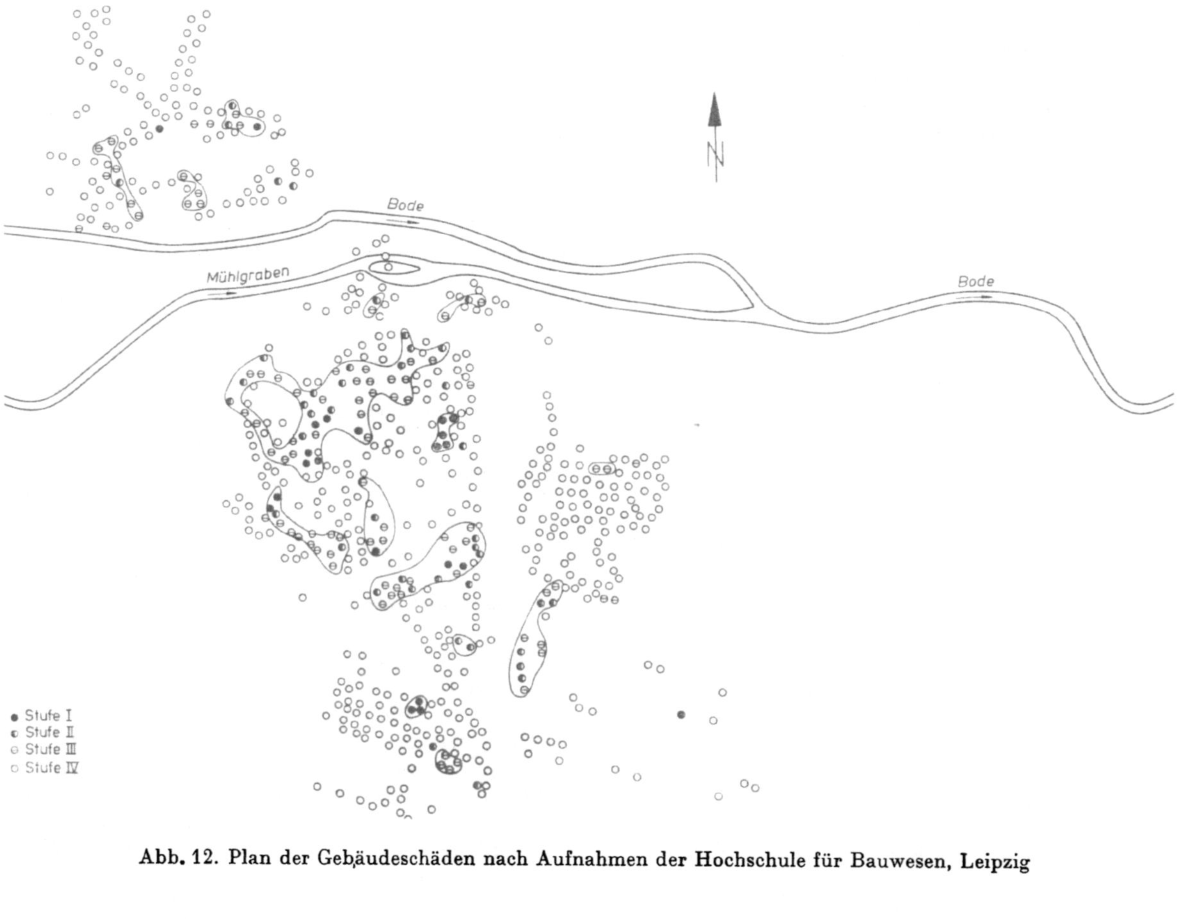

Abb. 12. Plan der Gebäudeschäden nach Aufnahmen der Hochschule für Bauwesen, Leipzig

größe nach voraussichtlich 8—40 Jahren Reparaturen an den Gebäuden erforderlich werden. Infolge einer gewissen Dynamik der Bewegungen, die zu lokalen Änderungen der Senkungsgeschwindigkeit und zu einer Verlagerung der Orte maximaler Senkungstätigkeit führt, ist es nicht möglich, im Muldengebiet festumrissene Zonen größerer oder geringerer Schadenshäufigkeit anzugeben.

Gegen eine Bebauung des Sattelgebietes bestehen keine bergschadenkundlichen Bedenken, wenn von den Geologen nachgewiesen werden kann, daß nicht mit dem Auftreten von Erdfällen über dem verkarsteten Gipshut zu rechnen ist.

Aussagen über den künftigen Bewegungsablauf an der Nordostflanke des Staßfurter Sattels sind nur unter Berücksichtigung von Details möglich, auf die an dieser Stelle nicht eingegangen werden kann.

Den Abbildungen liegen Quellen bzw. Originale zugrunde, die mit Ausnahme der unter 6, 8, 11 und 12 genannten von der Gruppenmarkscheiderei, Bernburg, oder der Markscheiderei des VEB Kaliwerk, Staßfurt, freundlicherweise zur Verfügung gestellt wurden.

Zusammenfassung

Als Folge des Abbaus bei unzureichend bemessenen Bergfesten und zu spät eingebrachtem Versatz sowie der dadurch bedingten Druckerscheinungen, Zusammenbrüche und Laugenzuflüsse kam es über den Gruben Staßfurt und „Leopoldshall" zur Ausbildung einer Senkungsmulde, in der z. Z. jährlich Senkungen von maximal 3 cm, Schieflagen von 0,05 bis 0,5 mm/m und Krümmungen von $^1/_{600}$ bis $^1/_{10}$ km^{-1} auftreten. Senkungsgeschwindigkeiten bis zu 0,9 m/Jahr und Bruchzonen über dem Jüngeren Steinsalz wurden beim Ersaufen der Gruben beobachtet. Das derzeitige Senkungsgeschehen ist durch eine geringe Aktivierung in einer Zone zwischen Bahnhof und Salinengelände sowie durch gleichbleibende bzw. abnehmende Tendenz im übrigen Muldengebiet gekennzeichnet. Die Orte maximaler Senkungstätigkeit haben sich um 60—90 m entgegen dem Flözeinfallen nach NE verlagert. Obwohl Setzungs-, Kriech- und Bruchvorgänge in Verbindung mit einem Laugenrückstau nach dem Deckgebirge zur Erklärung der weiteren Einmuldung ausreichen, sind lokale Auslaugungsvorgänge insbesondere in den Senkungszentren wahrscheinlich. Infolge der noch jetzt beobachteten Dynamik der Gebirgsbewegungen ist eine klare Abgrenzung von Schadenszonen in der Senkungsmulde nicht möglich. Da Bergschäden bei gleichbleibenden Verformungsgeschwindigkeiten auch künftig auftreten werden, sind für die Werterhaltung der Gebäude im Muldengebiet weiterhin Aufwendungen erforderlich.

Die geringen, fast durchweg zum Stillstand gekommenen Senkungen über dem Sattelgebiet sowie zeitweilig beobachteten Hebungstendenzen sind als bergschadenkundlich unbedenklich anzusehen. Eine Bebauung kann befürwortet werden, wo eine Erdfallgefahr nicht gegeben ist.

Резюме

Вследствие разработки при недостаточно измеренной горной прочности и слишком поздно проведенных работ по укреплению, а также в результате этого обусловленных явлений давления, развала и притока рассола над шахтами Стасфурт и „Леопольдсхалл" образовалась мульда опускания, в которой в настоящее время происходят ежегодно опускания максимально на 3 см, кривизны от 0,05 до 0,5 мм/м и изгибы от 1/600 до 1/10 км$^{-1}$. Наблюдались при затоплении шахты скорости опускания до 0,9 м/в году и зоны разломов над более молодыми каменными солями. Этот современный процесс опускания характеризуется небольшой активностью в районе между вокзалом и соленосной территорией, а также постоянной или уменьшающейся тенденцией опускания в остальной части области мульды. Места максимальной деятельности опускания сместились от 60 до 90 м против СВ падения пласта. Несмотря на то, что для объяснения дальнейшего мульдообразования достаточны процессы оседания, ползучести и разлома в связи с запрудой рассола по направлению к покровной породе, вполне возможны максимальные процессы выщелачивания, в особенности в центрах опускания. Вследствие еще сейчас наблюдаемой динамики горных движений невозможно ясное отграничение района разрушений в мульде опускания. Так как и в дальнейшем будут продолжаться разрушения при постоянной скорости деформации, необходимы для сохранения зданий в области мульды дальнейшие затраты.

Незначительные, почти целиком остановившиеся опускания над областью седловины, а также временами наблюдаемые тенденции поднятия не вызовут опасений в отношении повреждений горными работами. Застройка может разрешаться там, где не ожидается опасности воронкообразования.

Summary

As a result of mining operations in barriers designed insufficiently and of stowing placed too late, as well as owing to pressure phenomena, collapses and inflows of lye arising therefrom, a subsidence trough was formed above the mines of Stassfurt and „Leopoldshall", in which presently occur annual maximum subsidences of 3 cm, inclined positions covering 0.05 to 0.5 mm per m, and curvatures amounting to $^1/_{600}$ to $^1/_{10}$ km^{-1}. Subsidence velocities up to 0.9 m p. a. and fracture zones above the Younger Rock Salt were observed when mines became submerged. The present subsidences are characterized by a minor activation in a zone extending from the railway station to the salt-works, as well as by an equal or decreasing tendency in the remaining area of the trough. Places where the subsidence actively was highest shifted by 60 to 90 m towards N.E. in an opposite direction to the dip of the seam. Although in connection with a backflow of the lye towards the cover processes of settlement, creeping and fracture will be sufficient for explaining the further development of the trough, local leaching processes are probable in particular within the centres of subsidence. Owing to the dynamics of rock movements observed at present, limits of the zones of damage in the subsidence trough cannot clearly be determined. As damages done by mining at equal rates of deformation will also occur for the future, expenses for maintaining buildings in the trough area will continue.

Small subsidences above the anticlinal area, which almost completely came to a standstill, as well as tendencies of rising observed temporarily, must be regarded as doing no harm as far as mine damages are concerned. House building can be advocated where a danger of collapse sinks is absent.

Literatur

BÖRGER: Laugenströmungen in ersoffenen Kalibergwerken als Ursache späterer Oberflächenschäden. — Kali, 36, 2, 27—31 (1942).

NIEMCZYK, O.: Bergschadenkunde. — Essen 1949.

SORGE, KELLNER, FRENZEL und LOOCK: 1852—1952, 100 Jahre Staßfurter Salzbergbau. — Anhang zur Festschrift des VEB Kaliwerk Staßfurt.

Besprechungen und Referate

Gilluly, J., A. C. Waters & A. O. Woodford

Principles of Geology

San Francisco—London: W. Freeman & Co., 3. Aufl., 1968. 687 S., 520 Abb., zahlr. Tab., $ 65

Die Herausgabe einer 3. Aufl. dieses Lehrbuchs der Allgemeinen Geologie spricht für seine weite Verbreitung an den Hochschulen, vor allem der USA. Gegenüber der 2. Aufl. ist es wiederum im Text und in den Abb. wesentlich erweitert. Die Verf. haben das Buch vollständig überarbeitet, seinen weitaus größten Teil völlig neu geschrieben und im Inhalt die Entwicklung der geologischen Erkenntnisse bis zum Stand Anfang 1968 einbezogen. Dadurch konnten die neueren Erkenntnisse der auf den verschiedensten Gebieten erfolgten quantitativen Erfassung des Ablaufs geologischer Vorgänge mit berücksichtigt und eingearbeitet werden. Ein Kapitel der Hypothesen über die Entstehung der Erde und des Lebens sowie im Anhang der Teil Fossilien sind neuaufgenommen.

Der Inhalt des Buches gliedert sich in 22 Kap. (S. 1—585), einen Anhang mit fünf Teilen (S. 587—643) und das Inhaltsverzeichnis (S. 645—687). Literaturhinweise sind den einzelnen Kapiteln angefügt, deren jedes für sich eine abgeschlossene Monographie darstellt, die sich aber insgesamt harmonisch zu einem Ganzen verbinden.

Zunächst wird in straffer Fassung über einleitende Fragen mit den Problemen der allgemeinen Geologie vertraut gemacht. Danach werden ihre einzelnen Teilgebiete behandelt, wobei gegenüber den früheren Darstellungen den Fragen der Tiefseeböden, der magnetischen Anomalien, des submarinen Vulkanismus und der Erdentstehung größere Beachtung geschenkt wird.

Im einzelnen werden behandelt: Die Wissenschaft Geologie; Minerale und Materie; Gesteinsurkunden; Verwitterung und Boden; Erosion; Geologische Karten; Fossilien, Schicht und Zeit; Bewegung der Erdkruste; Zeugen von Erdbewegungen; Geodäsie, Isostasie und Kräfte; Hangrutschungen von Boden und Felsen; Flußerosion und Ablagerung; Gletscher und -wirkungen; Grundwasser; Wüsten und die Arbeit des Windes; Ozeane; Sedimentgesteine und ihre Ablagerungsräume; Vulkanische Tätigkeit und Metamorphismus; Erdbeben und das Erdinnere; Gebirge; Lagerstätten; Hypothesen über die Entstehung der Erde und des Lebens. Am Schluß jedes Kapitels stehen, für uns etwas ungewohnt, Übersichten der Fakten und Begriffe, Fragen, die zum Durchdenken des behandelten Stoffes anregen, und Literaturhinweise. — Der Anhang umfaßt die fünf Teile: Karten und Kartenzeichnen, Bestimmung von Mineralen, Bestimmung von Gesteinen, chemische Daten (Atomgewichte; durchschnittliche Zusammensetzung von Erdkruste, Ozean und Atmosphäre; von magmatischen und Sedimentgesteinen sowie von Fluß- und Meerwasser), Fossilien.

Das Buch ist in allen seinen Kapiteln sehr flüssig geschrieben. Der Text ist übersichtlich gegliedert und gut lesbar. Eindrucksvolle Bilder und oft in Farbdruck wiedergegebene Diagramme unterstützen die Ausführungen wirkungsvoll. Die gesamte Anlage des Buches und seine besonders für den Studierenden geeignete, anschauliche Darbietung des Stoffes lassen das methodische Geschick der Verf. als erfahrene Hochschullehrer erkennen. Der Verlag hat, wie man es von amerikanischen Lehrbüchern gewohnt ist, auch diese „Grundzüge der Geologie" vorzüglich ausgestattet. Soweit hierzu die Möglichkeiten gegeben sind, sollten sich auch unsere Geologen einen Eindruck von dem ausgezeichneten Buch verschaffen. K. Dette

Korotajew, J. P.

Komplexe Erkundung und Ausbeutung von Erdgaslagerstätten

Moskau: Nedra 1968. 428 S., 31 Tab., 146 Abb., 403 Lit. (russ.)

Während sich das vom Verf. zusammen mit Poljanski im Jahre 1961 vorgelegte Buch „Die Ausbeutung von Erdgassonden" im wesentlichen auf die Untersuchung, den Abbau und zum großen Teil auf technologische Probleme von Erdgassonden bezog, stellt das neue Werk des Verf., ein Ergebnis 15jähriger Forschungstätigkeit, eine Fortsetzung und wesentliche Erweiterung vor allen Dingen der hydrodynamischen Untersuchungsmethoden von Erdgassonden und -feldern dar. Die Anwendung der hydrodynamischen Methoden sowohl nach dem stationären als auch nach dem nichtstationären Filtrationsregime beim Testen von Gas- und Gaskondensatsonden, die die Bewegung des Gases und der Flüssigkeit in der Schicht und im Bohrloch beinhalten, die Methodik der Probeförderung von Erdgaslagerstätten, die Vorratsberechnungen nach der Volumen- und nach der Druckabfallmethode und die komplexe Projektierung des Abbaus von Gas- und Gaskondensatlagerstätten (von der erdgasführenden Schicht bis zur Übergabe an die Industrie) bilden die Grundlage für die Ermittlung der optimalen Anzahl der Fördersonden, der optimalen Auswahl der Technologie und des optimalen Abbaus von Gas- und Gaskondensatlagerstätten. Diese Arbeiten dienen letzlich zur Erhöhung der Effektivität der geologischen Erkundung und des Abbaus. Dabei ist hervorzuheben, daß die abgehandelten theoretischen Grundlagen und die laborativen Ergebnisse vielfach durch praktische Beispiele aus der Tschebelinsker Lagerstätte ihre Bestätigung finden. Neben den Problemen der Gaslagerstätten werden auch die der Gaskondensatlagerstätten erörtert. Außerdem wird zwischen ein- und mehrschichtigen (Etagen) Lagerstätten unterschieden.

Der Autor unterteilt das Buch in sechs Kapitel. Im Kap. 1 wird die Untersuchung der Gas- und Gaskondensatlagerstätten nach dem stationären Filtrationsregime zur Ermittlung der Schichtparameter, zur Bestimmung der Gasmenge und der Indikatorkurven sowie deren Variabilität, bedingt durch verschiedene Einflüsse, zur Bestimmung des Lagerstättendrucks und anderer Parameter ohne vorheriges Schließen der Sonde abgehandelt.

Das Kap. 2 beschäftigt sich mit dem nichtstationären Filtrationsregime. Das gilt sowohl für finitive als auch infinitive Speicher, wobei der Schwerpunkt auf Druckaufbaumessungen und -kurven, deren Interpretation und der sich daraus ableitenden Parameter liegt. Im Kap. 3 wird auf den Einfluß der Temperatur (isotherm und nicht isotherm) beim Fließen des Gases durch die Tubings sowie auf die Bestimmung des Gas/Wasser-Kontaktes eingegangen. Die Bestimmung der Schichtparameter bei Vorhandensein von Flüssigkeit auf der Bohrlochsohle und die Schichtabhörmethode werden im Kap. 4 behandelt.

Das Kap. 5 beschäftigt sich mit den Fragen der Probeförderung, der Vorratsberechnungen sowohl nach der Volumen- als auch nach der Druckabfallmethode bei ein- und mehrschichtigen Lagerstätten und mit verschiedenen Methoden zur Bestimmung des mittleren Lagerstättendrucks.

Im Kap. 6 wird schließlich auf die komplexe Projektierung von der produktiven Schicht bis zur Übergabe des Gases oder des Kondensats an die Industrie eingegangen. Dabei wird auf einige charakteristische Besonderheiten des ersten Komplexprojektes des Krasnodarer Gebiets hingewiesen.

Der neue „Korotajew" stellt eine gute Arbeitsgrundlage als Nachschlage- und Standardwerk für die in der Erdgasindustrie beschäftigten Fachkollegen dar, weil vom ersten Sondentest bis zur Aufstellung eines Abbauprojekts alle Abschnitte mit vielen Varianten behandelt werden.

K.-P. Katzung

Autorenkollektiv

ANEP 1968
Jahrbuch der europäischen Erdölindustrie

Hamburg: Verlag Otto Vieth 1968. 480 S., zahlr. Abb. u. Tab., Großformat, Ganzleinen DM 96,—

Der im letzten Jahr erschienene Band ANEP 1967, über den wir („Z. angew. Geol.", Bd. 14, H. 6, S. 333) berichteten, wird mit dem vorliegenden Buch fortgesetzt. Dabei sind alle Teile der neuen Ausgabe gegenüber der vom vorhergehenden Jahr umfangreicher geworden. Thematisch ist von großem Gewicht die Tatsache, daß und in welchem Umfang sich europäische Erdölunternehmen in verschiedenen Ländern der Erde engagieren und in welch wachsendem Maße die Produktion bestimmter Auslandsfelder in der innereuropäischen Weiterverarbeitung Einfluß gewinnen.

Den einleitenden Beiträgen grundsätzlicher Art über die Themen: „Die Erdölgewinnungs-Industrie der europäischen Gemeinschaften", „Erdöl und Erdgas im Strukturwandel der europäischen Energieversorgung", „Kapitalinvestitionen der Welt-Erdölindustrie 1956—1966", „Die Entwicklung der Erdölchemie in Westeuropa", „Hollandgas für Europa" und „Transalpine Oelleitung TAL — Ein Beispiel internationaler Zusammenarbeit" folgen ausführliche Länderberichte.

Wie im vorhergehenden Band erscheinen alle wichtigen Beiträge in den drei Sprachen: Englisch, Französisch und Deutsch.

Dem redaktionellen Teil folgt ein ausführliches Firmenverzeichnis. Es ist aufgeteilt in Länder und Fachgebiete. Abschließend findet sich ein Bezugsquellenverzeichnis mit einem nahezu vollständigen Angebot aus allen interessierenden Branchen.

Alles zusammengenommen stellt dieses Buch, wie auch schon sein Vorgänger, eine umfassende Dokumentation dar über den Stand der Erdölwirtschaft in Westeuropa und die derzeit erkennbaren Tendenzen ihrer Weiterentwicklung.

K. Kauter

Bertrand, A.

La plongée à saturation et ses applications à l'industrie pétrolière („Sättigungstauchen" und seine Anwendung in der Erdölindustrie)

„Revue de l'Inst. Franç. du Pétrole", Jg. 23 (1968), H. 6, S. 719—773, 27 Abb., 12 Tab., 224 Lit.

Das Tauchverfahren beruht darauf, die Körpergewebe mit einem inerten Gas zu sättigen, das Grundlage für ein Atemgasgemisch ist (meist Heliumbasis). Die Arbeit beschreibt die grundlegenden Konzeptionen, das Verhalten der Atemgase und die biochemischen Vorgänge, die Vorteile des Tauchverfahrens und die bisherigen Experimente mit Tieren und Menschen und deren Ergebnisse, die Ausrüstungen und Apparate, die Anwendung in der Erdölindustrie, augenblicklich für Unterwasserarbeiten bis 200 m Tiefe. Unterwasserhäuser für 300 m Tiefe sind in Sicht.

R. Meinhold

Peter, S.

Die Eigenschaften von Bohrspülungen auf Ölbasis und ihre Verwendung bei tiefen Aufschlüssen im norddeutschen Raum

„Erdöl-Erdgas-Zeitschrift", Jg. 84 (1968), S. 366

Es werden die Gründe angeführt, warum Ölspülungen in jüngster Zeit häufiger Verwendung finden. Der aktuellste Grund liegt in der Vermeidung von Auskesselungen beim Durchteufen von Salzformationen, insbesondere bei Kali- und Magnesiumsalzen. Verengungen nach der Verrohrung in der Futterrohrtour bei Auskesselungen sind die Folge von Rohrausknickungen in diese Kaverne hinein und keine Rohrkollapse im eigentlichen Sinn.

Durch Ölspülungen wird ein maßhaltiges Bohrloch erreicht. Der Verf. gibt einen allgemeinen Überblick über den Aufbau und die Eigenschaften der Ölspülung.

Seit etwa 1935 wird intensiv versucht, Rohölen gute rheologische Eigenschaften bei geringen Flüssigkeitsverlusten durch den Zusatz von Chemikalien zu geben.

Nach der Emulgierung von Wasser in der Ölphase werden zwei Typen von Ölspülungen unterschieden, normale Ölspülungen mit einer wäßrigen Phase von etwa 2—5 Vol.-% und Invertemulsionssysteme mit 25—40 Vol.-%. Besonders stabile Emulsionen sollten mit zweiwertigen metallischen Seifen erreicht werden. Jedes Wassertröpfchen ist in der Emulsion völlig von oberflächenaktiver Substanz eingeschlossen.

Der Verf. gibt die Chemikalien und allgemeinen Herstellungsverfahren für diese Spülungen an, wobei er darauf hinweist, daß zumeist Service-Firmen den Vertrieb und die Bearbeitung entsprechend den erforderlichen Gegebenheiten übernehmen. Weiterhin werden die Erfahrungen mit Ölspülungen beim Bohren angeführt. So wird z. Z. das mit Öl benetzte Bohrklein in Verbrennungsöfen abgebrannt. Auf den Schwerspat ist in dieser Spülung besonders geachtet worden. Bei Magnesium tritt eine Unstabilität des Systems auf, die durch spezielle Emulgatorensysteme behoben werden sollte. Die Ölspülungen haben sich bohr- und spülungstechnisch besonders in Salzformationen bewährt. B. Heyne

Harbaugh, J. W., & D. F. Merriam

Computer Applications in Stratigraphic Analysis

New York—London—Sydney: John Wiley & Sons, Inc., 1968. 282 S.

Die eingehende stratigraphische Untersuchung der Befunde geologischer Arbeiten in Sedimentationsräumen hat für die Suche und Erkundung von Erdöl- und Erdgaslagerstätten auf dem Territorium der DDR eine besondere Bedeutung. Zu den herkömmlichen Methoden der Auswertung gesellen sich in wachsendem Umfang moderne, vor allem mathematische Verfahren.

Erfahrungsgemäß finden die statistischen Methoden nur zögernd Eingang in die geologische Arbeit. Die bekannten Autoren geologisch-mathematischer Arbeiten, Harbaugh und Merriam, legen nunmehr ein Buch vor, das unseren Geologen bei der Anwendung mathematischer Verfahren und der elektronischen Rechentechnik eine große Hilfe geben wird.

Das Werk ist nicht für Mathematiker oder Datenverarbeiter geschrieben, sondern für den Geologen in der Praxis, der sich selbst zum Datenverarbeiter entwickeln möchte. In dem leichtverständlichen Text wurde auf alles Entbehrliche an Mathematik (Formeln, Ableitungen, Beweise) weitgehend verzichtet und das Wesen der Methoden in den Vordergrund gestellt. Das Verständnis wird weiterhin erleichtert durch viele Beispiele sowie zahlreiche instruktive Bilder, Bohrprofile, Karten, Blockdiagramme, Programmablaufpläne, Dendrogramme und andere Diagramme und Ergebnistabellen. Die Beispiele entstammen allen Gebieten stratigraphischer Arbeiten: gefügekundliche Daten, Fazieskartierung, Schichtmächtigkeiten, Erdölfallen im hydrodynamischen Regime, paläogeographische Rekonstruktionen, Fossilinhalt, Mineral- und Elementgehalt von Schichten, Ergebnisse geophysikalischer Schwere- und Widerstandsmessungen u. a.

Als Problemkreise, die mathematisch zu behandeln sind, fassen die Autoren folgende Gruppen zusammen:

1. Stratigraphische Korrelation;
2. Bestimmung stratigraphischer Lücken;
3. Faziesbeschreibung und -klassifikation;
4. Erkennen von Sedimentationszyklen;
5. Sedimentationsmilieu;
6. Strukturelle Entwicklung;
7. Faltengeometrie (ebene Falten);
8. Erdölerkundung.

Die geologischen Probleme werden den verfügbaren statistischen Auswertemethoden gegenübergestellt, und es wird dargestellt, welche Verfahren sich mit welchem Ergebnis zur Lösung welcher Aufgabenstellungen eignen. Dadurch ist es möglich, das Buch als Nachschlagewerk zu verwenden, ohne es vollkommen durcharbeiten zu müssen.

Die erörterten Methoden sind:

1. Speicherung und Abruf von Informationen;
2. Automatisches Kartenzeichnen;
3. Zeittrendanalyse;
4. 2-, 3- und 4dimensionale Trendanalyse mit Polynomansatz (Kurven-, Flächen- und Raumtrend);
5. Einfache und Doppelfouriertrendanalyse (harmonische Analyse);
6. Cluster- und Faktoranalyse;
7. Kreuzassoziationsanalyse;
8. Hydrodynamische Erdölerkundung mit Simulation;
9. Simulation der marinen Sedimentation.

Ein umfangreiches Literaturverzeichnis, das aber fast nur amerikanische Arbeiten enthält, beschließt das Buch, dessen Ausstattung ein besonderes Lob verdient.

Dieses Werk sollte von einem recht breiten Kreis von Geologen, unbedingt aber von unseren Erdölgeologen, aufmerksam studiert werden. H. Thiergärtner

BERRY, WILLIAM B. N.

Growth of a Prehistoric Time Scale. Based on Organic Evolution

San Francisco—London: W. H. Freeman and Comp. 1968. 158 S., 16 Abb., sh 52,—

Der Titel dieses kleinen Büchleins mag den Leser auf den ersten Blick irreführen. Der Untertitel wie auch die Gestaltung des Einbandes belehren ihn aber bald, daß es sich nicht um die Zeitgliederung der Ur- oder Vorgeschichte (= Prähistorie) handelt, sondern um die Geschichte unserer Erde, soweit sie durch Fossilien belegt ist.

In einem Umfang, wie er in geologischen Lehr- oder Handbüchern nicht üblich und wohl auch nicht möglich ist, wird das Entstehen unserer erdgeschichtlichen Zeitskala geschildert, nachdem anfangs auch einiges zur Notwendigkeit einer solchen Skala gesagt wird. Wie der Bergbau für die Entstehung der Geologie überhaupt verantwortlich war, geht auch die Aufstellung einer geologischen Zeitskala, das „In-Beziehung-Setzen" der einzelnen Lager, Formationen u. ä. — gepaart mit allgemeinem menschlichem Wissensdrang — auf bergbauliche Forderungen zurück. Naturgemäß ist die Geschichte der geologischen „Formationstabelle" wesentlich mit der Geschichte der Wissenschaft Geologie selbst verknüpft und z. T. mit ihr ident. Bekannte Namen von der Antike bis zur Gegenwart werden genannt. Teilweise werden in recht eingehender Form Einzelheiten aus dem Leben bedeutender Geologen geschildert, um auch dadurch das Werden und Wachsen der geologischen Zeitskala, die Arbeit an ihrer ständigen Erweiterung, Verbesserung und Verfeinerung zu zeigen.

Es ist ein Hauptanliegen des Autors, die organische Evolution in ihrer einmaligen Rolle als Erdgeschichtsdatierung darzustellen. Angelpunkt ist dabei die DARWINsche Lehre von der Entwicklung der Arten durch natürliche Auslese, auch wenn die Großeinheiten der geologischen Zeitskala schon vor DARWIN geschaffen wurden. Die Evolution der Organismen im Laufe der Erdgeschichte — dokumentiert in der stratigraphischen Aufeinanderfolge der Fossilien — bietet das bisher einzige Zeitschema, in das alle erdgeschichtlichen Daten eingetragen werden können.

Der Text ist interessant und anregend geschrieben. Den größten Teil des Buches nimmt die Geschichte der geologischen Zeitskala ein. Auf den letzten Seiten werden kurz einige Probleme umrissen, die sich aus dem Gebrauch eines biologischen Zeitmessers für die Geologie ergeben. Man kann das Buch als eine „leichte" Lektüre allen empfehlen, die für Fragen der Erdgeschichts-Geschichte Interesse haben.

E. LAZAR

YONG, R. N., & B. P. WARKENTIN

Introduction to Soil Behavior

New York: Macmillan Company 1966. 451 S., zahlr. Abb. u. Tab.

Bodenuntersuchungen werden in verschiedenen Wissenschaftszweigen durchgeführt. Zum Teil kommen ähnliche Untersuchungsmethoden zur Anwendung. Demzufolge besteht ein echtes Interesse an dem erreichten Erkenntnisstand zwischen den einzelnen Wissensgebieten.

Die Autoren haben den Versuch unternommen, das Verhalten der Böden unter dem Gesichtspunkt der verschiedensten Disziplinen darzustellen. Dieses Buch zeigt die Notwendigkeit einer Verbindung der Grundprinzipien der Mechanik mit den angrenzenden Wissensgebieten für das Verständnis der Bodenreaktion.

Da es sich um eine Einführung handelt, wurden bewußt sehr spezielle Details wie z. B. Ionenaustausch, Phasengleichgewicht, Bodendynamik, Kriechen usw. nicht behandelt. Der Schwerpunkt bei den Beziehungen der Bodenmechanik zu anderen Gebieten liegt auf dem Verhalten der Tonböden. Die klassischen Prinzipien der Mechanik können nicht ohne weiteres auf Ton-Wasser-Systeme übertragen werden, da die physikalisch-chemischen Oberflächeneigenschaften und die Kräfte zwischen den Bodenteilchen berücksichtigt werden müssen. Die neueren Fortschritte in der quantitativen Kolloidchemie und der Mineralogie werden nunmehr beim Studium der Tone berücksichtigt.

Ein einleitendes Kap. betrachtet den Boden vom physikalischen Standpunkt aus. Die Bodenentstehung, die Klassifizierung der Böden und ihre grundlegenden Eigenschaften finden sich im zweiten Kap. Der nächste Komplex umfaßt die physikalischen und chemischen Eigenschaften der Tone. Die grundlegenden rheologischen Modelle sowie die mechanischen Modelle und ihre Schlußfolgerungen bezüglich des Verhaltens der Böden neben der Behandlung der Plastizität und Rheotropie bilden das 4. Kap. Die Bodenstruktur umfaßt neben der Betrachtung körniger Böden vor allem die allgemeinen Strukturmodelle der Tone, deren Charakteristik im Zusammenhang mit der Sedimentation betrachtet wird. Die folgenden beiden Kapitel befassen sich mit dem Bodenwasser und den Volumenänderungen. In das Thema Zusammendrückbarkeit und Konsolidation wurden auch die Beziehung zwischen der Konsolidation und dem Schwelldruck, der Temperatureinfluß sowie rheologische Modelle aufgenommen. Die Festigkeitstheorien, einschließlich der Bruch- und Fließkriterien, werden in den Kap. 9 und 10 getrennt nach rolligen und bindigen Böden behandelt.

Der Schwerpunkt des gesamten Buches liegt bei den bindigen Böden. Hierzu müssen die Betrachtungen über den Porenwasserdruck, die Scherfestigkeit unter Berücksichtigung der Kräfte zwischen den Teilchen, des Schwellens und der Vorbelastung gezählt werden. Das Eingehen auf die Porendruckkoeffizienten und ihre Bestimmung im Laboratorium ist zu begrüßen. Die verschiedenen Formen der Wasserbewegung in Böden, einschließlich der physikalischen Grundlagen des Durchlässigkeitsbeiwerts, werden im Kap. 11 dargelegt. Den Abschluß bilden Betrachtungen über die Wirkung des Frostes auf Böden.

Ohne auf die Durchführung einzelner Versuche oder erdstatischer Berechnungen einzugehen, wird in einer ansprechenden Form das Verhalten der Böden behandelt. Dabei finden die neueren Forschungsergebnisse aus verschiedenen Wissenschaftszweigen Berücksichtigung. Die komplexe Betrachtungsweise der physikalisch-chemischen Prinzipien unterscheiden dieses Buch von den bisherigen Publikationen und machen es für alle wertvoll, die sich mit Bodenproblemen beschäftigen.

G. SCHWOKOWSKI

Neuerscheinungen und Literaturhinweise

SMIRNOW, W. I.

Die Apatite

Isd-wo Nauka, Moskau 1968. — 423 S.

Autorenkollektiv

Die akzessorischen Minerale der Eruptivgesteine

Isd-wo Nauka, Moskau 1968. — 330 S.

BATULIN, S. G.

Exogene epigenetische Uranlagerstätten. Bildungsbedingungen

Atomisdat, Moskau 1965. — 22 S. (deutsch)

DSHRBASCHJAN, R. T., u. a.

Die Beziehungen zwischen dem Kreide- und Paläogen-Vulkanismus von Armenien und den Entwicklungstypen der Geosynklinalsenke

Isd-wo Nauka, Moskau 1968. — 153 S., 41 Abb., 38 Tab.

ENGLUND, K. J.

Geology and coal resources of the Elk Valley area, Tenessee and Kentucky

Geol. Surv., Prof. Pap., Washington 1968. — 59 S., 25 Abb., 2 Tab.

FAUL, G.

Ages of rocks planets, and stars

Atomisdat, Moskau 1968. — 93 S., 24 Abb., 8 Tab.

FRENZEL, B.

Die Klimaschwankungen des Eiszeitalters. Die Wissenschaft

Verl. Vieweg & Sohn GmbH, Braunschweig 1967. 291 S., 107 Abb., 243 Tab.

Informationen

Erfolgreiche Erdöl-Erdgas-Erkundung in der UdSSR

Nach Ausführungen des Ministers für Geologie in der UdSSR, A. W. SIDORENKO[1]), erzielten neuerdings die sowjetischen Geologen sehr große Erfolge bei der Verwirklichung von Such- und Erkundungsarbeiten auf Erdöl und Erdgas. Der Zuwachs der erkundeten Erdgasvorräte belief sich auf 3,5 Bill. m^3 bei einem Plan von 670 Mrd. m^3. Das in Tjumen arbeitende Kollektiv fand und erkundete unter den schwierigsten Verhältnissen im N dieses Gebiets außerordentlich reiche Lagerstätten. Die erkundeten Vorräte dieser Gasprovinz betragen jetzt über 4 Bill. m^3. Allein die Vorräte der Lagerstätte Urengoj wurden auf 3 Bill. m^3 Erdgas geschätzt; sie ist damit augenblicklich die größte der Welt. Die von der Staatlichen Vorratskommission bestätigten Vorräte, die Lagerstätte „Sapoljarnoje" in den Kategorien A, B und C, belaufen sich auf 1,5 Bill. m^3. Das ist soviel Erdgas, wie sich zu Beginn des vergangenen 7-Jahr-Plans auf allen 185 Lagerstätten des Landes befand.

Die Geologen von Tjumen erkundeten des weiteren die Erdgaslagerstätte Medweshje, deren Vorräte auf 1 Bill. m^3 geschätzt werden. Auf der Basis der erkundeten Lagerstätten im N des Gebiets von Tjumen kann man eine Erdgasförderung von 230 Mrd. m^3 pro Jahr garantieren, was 1,5fach die Gasmenge übersteigt, die im vergangenen Jahr im ganzen Land gefördert wurde.

Ein anderes Gebiet, das neuerdings die besondere Aufmerksamkeit verdient, ist der NE des europäischen Teils der UdSSR, die Komi ASSR und das Gebiet Archangelsk. Die erste Etappe der Erkundung der großen Gaslagerstätte von Wuktyl mit Vorräten über 500 Mrd. m^3 wurde abgeschlossen. Die Perspektiven der Erdöl- und Erdgasführung der Provinz Timan-Petschora wurden erweitert.

Reges Interesse verdienen auch die Arbeiten im Gebiet Orenburg, wo im randnahen Teil der Kaspiniederung (Orenburger Wall) eine große Erdgaslagerstätte nachgewiesen wurde. Die prognostischen Vorräte für die gesamte Hebung, die durch geophysikalische Angaben bestätigt wurden, werden auf 1 Bill. m^3 geschätzt. Die nachgewiesenen Erdölvorräte im Gebiet von Orenburg erlauben für die nächsten Jahre eine doppelte Förderung.

In der Belorussischen SSR wurden zwei große Erdöllagerstätten entdeckt, die sich in unmittelbarer Nähe der Erdölleitung „Drushba" befinden. Neue Erdöl- und Erdgaslagerstätten wurden in der Dnepr—Donez-Senke gefunden. Es gibt geologische Voraussetzungen für den Nachweis von Lagerstätten in den zentralen Gebieten des Landes innerhalb der Moskauer Synklise. Arbeiten in der Senke von Rjasan—Saratow, in Grusinien und im sowjetischen Ostseeraum (Baltikum) haben bereits begonnen. Von 44 Erdöl- und Erdgaslagerstätten, die 1967 entdeckt wurden, liegen 25 im europäischen Teil der UdSSR.

[1]) „Raswedka i ochrana nedr", 6, 1—8, Moskau 1968.

Dänemarks Erdgaserkundung in der Nordsee

Nach den Offshore-Bohrungen Dansk Nordso A-1, A-2, B-1, C-1 und D-1 ist nunmehr auch Dansk Nordso E-1 erfolglos aufgegeben worden. Zwar wies sie, wie zuvor schon die Bohrungen A-1 und A-2, schwache Erdöl- und Erdgasanzeichen auf, aber die Teste brachten kein befriedigendes Ergebnis. Die dänischen Bemühungen werden fortgesetzt. Mit einer Nachfolgebohrung Nordso E-2 soll die höffige Struktur an anderer Stelle erneut untersucht werden.

Die Kupferlagerstätte Majdanpek in Jugoslawien

Nach dem 2. Weltkrieg setzten in der SFR Jugoslawien umfassende geologische Such- und Erkundungsarbeiten ein, die sehr erfolgreich verliefen. Dabei wurde u. a. die Kupferlagerstätte von Majdanpek in Ostserbien entdeckt. Das Bergwerk gehört zum Kombinat Bor und stellt den am besten mechanisierten Tagebau Jugoslawiens, eventuell sogar von ganz Europa, dar.

Majdanpek liegt am Nordrand des Timoker Eruptivgebiets. Genetisch hängt die Lagerstätte mit der tektonischen Zertrümmerung gewisser Andesitzonen zusammen, wobei gewisse Massen von Imprägnationserzen, sogenannte Porphyrerze, entstanden sind. Als Hauptträger des Kupfers tritt der Kupferkies auf. Er ist im silifizierten und kaolinisierten Andesit sehr fein verteilt. Seine regelmäßigen Begleiter im Erz sind Gold, Silber, Molybdän und Selen.

Man schätzt die Vorräte in der näheren Umgebung von Majdanpek auf über 600 Mill. t Erz mit einem Durchschnittsgehalt von 0,65% Cu.

Frankreichs Uranwirtschaft

1967 hatte Frankreich 740700 t Uranerz abgebaut und daraus 1227 t reines Uran gewonnen. Etwa 665000 t Erz bzw. 1070 t Uran lieferten staatliche Betriebe, den Rest Privatindustrie. Das Erz entstammt Lagerstätten in der Bretagne und im Zentralmassiv. Die Urangewinnung in Madagaskar und Gabun ging bis auf bescheidene Mengen zurück, da die dortigen Lagerstätten nahezu erschöpft sind. Ab 1969 werden Uranerze aus der Zentralafrikanischen Republik stärker hervortreten. Ein entsprechender Vertrag ist kürzlich bezüglich der Lagerstätte von M'Batog abgeschlossen worden. Dort liegen Vorräte von 5000 t Uranmetall vor. Die Produktionsmöglichkeiten werden auf 500 t pro Jahr geschätzt.

Indien errichtet einen Titankomplex

Die Strandseifen von Chavara bei Quilon im Bundesstaat Kerala (Indien) haben sich nach neuesten Berechnungen als so ertragreich erwiesen, daß dieser Staat in der Nähe von Chavara die Errichtung eines bedeutenden Titankomplexes plant. In den Anlagen sollen nach amtlichen Angaben jährlich 50000 t hochwertiger Titanschlacke, 80000 t Titantetrachlorid, 3000 t Titanschwamm, 5000 t Magnesiummetall, 25000 t Titandioxid und 15000 t Roheisen gewonnen werden.

Das Lagerstättenrevier Kopaonik in Serbien

Das Ultrabasitmassiv von Kopaonik im serbischen Teil Jugoslawiens enthält Asbest- und Magnesitlagerstätten.

Die Lagerstätten sind an ein tertiäres Bruchsystem gebunden. Es konnten zwei Serpentinisierungsphasen festgestellt werden, eine wenig intensive vor der Vererzung, die andere synchron mit der Vererzung.

Alle Asbestlagerstätten stehen in unmittelbarem Zusammenhang mit einer älteren Phase des tertiären Vulkanismus, der Dazito-Andesit förderte. Dabei entstand Asbest durch hydrothermale Einwirkung in einem subvulkanischen Niveau.

Bei den Magnesiten werden zwei Lagerstättenarten unterschieden: a) Gangmagnesite, b) hydrothermal-sedimentäre Magnesite. Die in serpentinisierten Peridotiten auftretenden Gangmagnesite sind an vier Mineralisationsbereiche gebunden. Die bedeutendste Magnesitlagerstätte Jugoslawiens ist Bela Stena. Die dortigen Gänge haben unter- bis mittelmiozänes Alter.

Bauxit in Slowenien

Seitdem ab 1963 erste Sucharbeiten auf Bauxit in Slowenien durchgeführt wurden, konnten viele Lagerstätten festgestellt und erkundet werden. Die meisten von ihnen liegen in Süd- und Zentralslowenien. Genetisch sind sie auf Karbonatverwitterung zurückzuführen.

Im einzelnen handelt es sich stratigraphisch um folgende Horizonte: zwischen Anis und Ladin; zwischen Ladin und Karn; innerhalb des Juras zwischen Unterem und Oberem Kimmeridge; im Turon; im Senon; in den paläozänen Cosina-Schichten und in oligozänen Kalken.

Am verbreitetsten und mächtigsten sind die karnischen Bauxite; die des Oligozäns besitzen eine sehr gute Qualität, aber die Lagerstätten sind klein. Die größte wirtschaftliche Bedeutung fällt den kretazischen Bauxiten zu.

Neue Apatitlagerstätte in Finnland

Im finnischen Savukoski, nordöstlich von Rovaniemi, wurde eine neue Apatitlagerstätte festgestellt. Ihr Vorrat an Erz wird auf 25 Mill. t beziffert. Der Phosphatgehalt soll rd. 11% betragen. Eine andere früher bereits aufgefundene Lagerstätte ähnlicher Art lag bei Siilinjärvi in Ostfinnland. Im Vergleich zu der neuentdeckten Lagerstätte werden deren Erze und ihr Gehalt an Phosphor als bedeutend ärmer bezeichnet. Finnland kann seinen Phosphatbedarf nicht aus eigenen Lagerstätten decken. Es bezieht Apatit in beträchtlichen Mengen aus der UdSSR.

Kaolin in der ČSSR

Das größte und leistungsfähigste Kaolinschlämmwerk Europas entsteht derzeit in der Ortschaft Božičany bei Karlovy Vary. Das Schlämmwerk soll den weltbekannten Kaolin von Sedlec zu einem erstklassigen Material verarbeiten. Die ČSSR produzierte 1965 und 1966 (für 1967 liegen keine Zahlen vor) 322000 t bzw. 325000 t geschlämmten Kaolin. Der Kaolinexport betrug 1965 170000 t und 1966 166000 t.

Libyen verflüssigt Erdgas

Nach PPS schickt sich Libyen an, die bisherige Vormachtstellung Algeriens in bezug auf den Transport verflüssigten Erdgases zu übertreffen. Zu Anfang dieses Jahres ist der erste Spezialtanker mit flüssigem Erdgas von Mersa el Brega nach Spanien ausgelaufen. Die Esso hat einen auf 15 Jahre laufenden Liefervertrag für die Verschiffung von ca. 3 Mill. m^3 Erdgas täglich abgeschlossen.

Noch günstiger liegt ein ähnlicher Kontrakt, der eine Lieferung von flüssigem Erdgas über 20 Jahre lang nach Italien zum Gegenstand hat. Hier sollen täglich ca. 6,4 Mill. m^3 Erdgas geliefert werden.

Sobald die Transporte nach Spanien und Italien ihren vollen Umfang erreicht haben, muß die Verflüssigungsanlage in Libyen je Betriebstag 9,8 Mill. m^3, das sind jährlich 3,6 Mrd. m^3, liefern.

Autorenkollektiv

Geologio internacia

(Sammlung von Originalarbeiten in Esperanto)
„Geoindustria", Bd. 1, Prag 1968. 192 S.

J. MABESOONE (Brasilien):
Bildung mariner Kalksteine in tropischen Gewässern. Beispiele vom nordöstlichen Brasilien

J. MABESOONE (Brasilien):
Schwermineralien in den Sedimenten der Barreiras-Gruppe in Pernambuco (Brasilien)

E. DUDICH jr. (Ungarn):
Anwendung des Prinzips des biologischen Aktualismus beim Studium fossiler Bryozoen

A. FERNANDEZ (Uruguay):
Hydrogeologie der Basalte von Nordwesturuguay

V. ZÁZVORKA (ČSSR):
Subzone *Actinocamax plenus* in der Oberkreide von Europa

D. ARMAND (Sowjetunion):
Über ein Objekt der Geomorphologie

D. ARMAND (Sowjetunion):
S. V. OBRUTSCHEW

J. KAVKA (ČSSR):
Tabellen zur chemischen und mineralischen Zusammensetzung der nordböhmischen Phonolithe

Sämtliche Arbeiten der neuen Veröffentlichungsreihe „Geologio internacia" sind in der internationalen Sprache Esperanto abgefaßt und mit einer nationalsprachlichen Zusammenfassung der jeweiligen Autoren versehen.

G. SCHUBERT

Kurznachrichten

Es ist geplant, den Verbrauch von **Erdgas**, das in der **VR Polen** gefördert wird, 1969 um 61% auf 3,7 Mrd. m^3 zu erhöhen. Außerdem soll Polen aus der Sowjetunion 1969 rd. 1 Mrd. m^3 Erdgas einführen.

Die staatliche Allgemeine Erdölgesellschaft von **Ägypten** hat bei al-'Ujun, 13 km südlich von Ras Garib, **Erdöl** gefunden. Der neue Fund liegt 8 km nordwestlich des Feldes Umm-al-Jusr der Allgemeinen Erdölgesellschaft, das seit Mitte 1968 fördert.

Die staatliche Allgemeine Erdölbehörde von Syrien teilte mit, daß sie in **Nordostsyrien** bei Al Dschubaisa, rd. 50 km südlich von Al Hasaka, in der Nähe der Pipeline, die aus den Feldern des Iraks ans Mittelmeer führt, **Erdöl** gefunden habe. Die Fundbohrung lieferte bei der Förderprobe 2800 Barrels täglich aus 602 m Teufe.

Nach längeren Vorversuchen hat die Esso, wie PPS meldet, im Meer von Tarfaja, an der **marokkanischen Küste**, in 2070 m Teufe eine **Erdöllagerstätte** angetroffen.

Eine **Kupferlagerstätte** in Bidjovagge, im Bezirk Finnmark, im nördlichsten **Norwegen**, wird derzeit für den Abbau vorbereitet. Nach den vorliegenden Plänen soll die Produktion im Herbst 1970 aufgenommen werden und jährlich 16000 t Kupferkonzentrat betragen. Das Konzentrat enthält 23,5% Kupfer und 7 g Gold/t.

Ein **Goldvorkommen** maritimer Herkunft, das erste dieser Art in der **Sowjetunion**, wurde von Geologen auf der Tschuktschenhalbinsel im äußersten Nordosten der UdSSR am Kap Schmidt in unmittelbarer Nähe des Nördlichen Eismeers entdeckt.

Im **Iran** sollen im Gebiet von Muteh Mahalat gegen Ende des neuen Fünfjahrplans 1,5 bis 2 t **Gold** jährlich gewonnen werden können. Die Golderzlagerstätten in der Region Mouteh, 190 km nordöstlich von Isfahan, werden auf 2 Mill. t bei einem Goldgehalt von 7 g/t geschätzt.

Das Erdgas aus der **polnischen Lagerstätte** von Ostrowiec Wielkopolski enthält **Helium**. Der Heliumgehalt liegt mit 0,05% weit über der für eine rentable Verwertung erforderlichen Grenze. Das Helium soll künftig industriell gewonnen werden.

Für den **Erdöl- und Erdgastransport** werden in der **UdSSR** Rohre von 250 cm Durchmesser erprobt. Die größten bisher in der UdSSR eingesetzten Rohre hatten einen Durchmesser von 122 cm.

Die erste **jugoslawische Erdölpipeline** vom Adriahafen Bakar nach dem größten Erdölverarbeitungszentrum Jugoslawiens, Sisak, wird unter finanzieller Beteiligung der tschechoslowakischen und ungarischen Erdölgesellschaften gebaut und soll bis 1971 fertiggestellt werden. Die Verbindungspipeline mit dem ungarischen Erdölnetz von Sisak bis zur ungarisch-jugoslawischen Grenze bei Botovo wird anschließend gebaut.

Die **ungarische** Regierung hat beschlossen, die größte **Mineralölraffinerie** des Landes in Szazhalombatta, 40 km südlich von Budapest, zu vergrößern. Die Kapazität wird 1968 3 Mill. t/a erreichen. Wegen der steigenden Nachfrage nach Raffinerieerzeugnissen soll die Kapazität bis 1975 auf 6 Mill. t/a erhöht werden.

In **Rumänien** ist an der Akademie ein **Schneidautomat** für Kristalle entwickelt worden. Gegenüber dem bisherigen Handschneiden weist die Vorrichtung größere Präzision auf und schließt Kristallbrüche aus.

Im Küstengebiet von **Dahomey** sind **Bohrungen** zum zweiten Mal fündig geworden. Derzeit laufen Untersuchungen über die Wirtschaftlichkeit der Lagerstätte. Bei positivem Ausgang will die Regierung Dahomeys eine eigene Rohölraffinerie bauen.

Im Sommer 1969 beginnt die Verschiffung von verflüssigtem Erdgas aus Alaska nach Japan. Zu dieser Zeit wird auch in **Japan** der Bau des ersten **Kraftwerks** der Erde beendet sein, das mit Flüssigmethan gefeuert werden soll.

Herausgeber: Zentrales Geologisches Institut im Auftrag des Staatssekretariats für Geologie beim Ministerrat der Deutschen Demokratischen Republik. Für die kollektive Chefredaktion: Dr. K. KAUTER (Redaktionssekretär), Berlin. Redaktion: 1054 Berlin, Zionskirchstraße 34 (Fernsprecher 426001). Verlag: Akademie-Verlag GmbH, 108 Berlin, Leipziger Straße 3–4 (Fernsprecher 220441, Telex 0112020, Postscheckkonto: Berlin 35021). Bestellnummer des Heftes 1047/15/6. Alleinige Anzeigenannahme DEWAG-WERBUNG, 102 Berlin, Rosenthaler Str. 28–31, und alle DEWAG-Betriebe in den Bezirksstädten der DDR. Die „Zeitschrift für angewandte Geologie" erscheint monatlich, Exportpreis: M 6,–, Sonderpreis für die DDR: M 2,– je Heft. – Satz und Druck: VEB Druckhaus „Maxim Gorki", 74 Altenburg. Veröffentlicht unter der Lizenznummer 1279 des Presseamtes beim Vorsitzenden des Ministerrates der Deutschen Demokratischen Republik, Kartengenehmigung Nr. 269/69, 349/69, 350/69.

ABHANDLUNGEN

des Zentralen Geologischen Instituts

Bisher erschienen

D. Franke

Stratigraphisches Korrelationsschema für das Silur der Deutschen Demokratischen Republik und angrenzender Gebiete

1964 – 36 Seiten – Anlageband mit 6 Tabellen – Halbleinen M 10,–

Heft 1

10 Jahre Paläontologie. Bericht über das Jubiläums-Kolloquium des Bereiches Paläontologie im Zentralen Geologischen Institut

1965 – 313 Seiten – 24 Tafeln – 12 Abbildungen – 8 Tabellen – Halbleinen M 15,–

Heft 2

H. Kado, F. Reuter, G. Bachmann

Die ingenieurgeologischen Eigenschaften der wichtigsten Lockergesteine der DDR unter Berücksichtigung ihrer Genese und physikalischen Kennzahlen

1966 – 134 Seiten – 107 Abbildungen – 15 Tabellen – Anlageband – Halbleinen M 15,–

Heft 3

Kolloquium aus Anlaß des 15jährigen Bestehens der Arbeitsgruppen Ingenieurgeologie am 20. und 21. Mai 1965 in Berlin

1965 – 97 Seiten – 2 Karten – 22 Abbildungen – 6 Tabellen – Halbleinen M 15,–

Heft 4

D. Rau

Untersuchungen zur Morphologie und Genese der Lößböden im Thüringer Becken

1965 – 71 Seiten – 12 Abbildungen – 14 Tabellen – Halbleinen M 10,–

Heft 5

I. Diener

Stratigraphisches Korrelationsschema für die Kreide der Deutschen Demokratischen Republik und angrenzender Gebiete

1966 – 137 Seiten – 6 Abbildungen – 3 Text-Tabellen – 12 Anlagen-Tabellen – Halbleinen M 15,–

Heft 6

H. Pfeiffer

Stratigraphisches Korrelationsschema für das Devon der Deutschen Demokratischen Republik und angrenzender Gebiete

1967 – X und 74 Seiten – 1 Abbildung – 4 Text-Tabellen – 5 Anlagen-Tabellen – 1 mehrfarbiges Profil – Halbleinen M 15,–

Heft 7

E. v. Hoyningen-Huene

Stratigraphische Korrelationsschemata für das Siles und das Perm der Deutschen Demokratischen Republik

1968 – XII und 133 Seiten – 7 Abbildungen – 9 Tabellen – 11 Anlagen – Halbleinen M 25,–

Heft 8

H. Döring, W. Krutzsch, D. H. Mai, E. Schulz

Erläuterungen zu den sporenstratigraphischen Tabellen vom Zechstein bis zum Oligozän

1966 – 149 Seiten – 8 Anlagen-Tabellen – Halbleinen M 15,–

Heft 9

Instruktion für die Anfertigung einheitlicher ingenieurgeologischer Grundkarten

1967 – VIII und 35 Seiten – Farb- und Zeichenerklärung – 9 Anlagen – Halbleinen M 15,–

Heft 10

Klimaänderungen im Tertiär aus paläobotanischer Sicht

1967 – LII und 228 Seiten – 28 Abbildungen – 11 Bildtafeln – Halbleinen M 30,–

Heft 14

Autorenkollektiv

Engineering-Geological Mapping in the Countries of the Council of Mutual Economic Aid

1968 – X und 148 Seiten – 28 Abbildungen – 6 Tabellen – 10 Anlagen – Halbleinen M 30,–

Heft 12

D. Lotsch

Stratigraphisches Korrelationsschema für das Tertiär der Deutschen Demokratischen Republik

1969 – XIV und 438 Seiten – 30 Abbildungen – 35 Anlagen – Halbleinen M 95,–

In Vorbereitung befinden sich

Heft 11

H. Kästner

Zur Geologie der Kalisalz- und Kohlensäurelagerstätten im südlichen Werra-Kaligebiet

Heft 13

P. Puff

Über den Unteren Buntsandstein am Südrand des Thüringer Beckens

Heft 15

H. Pfeiffer

Stratigraphisches Korrelationsschema für das Dinant der Deutschen Demokratischen Republik

Bestellungen nimmt die Vertriebsstelle des Zentralen Geologischen Instituts, 104 Berlin, Invalidenstraße 44, entgegen.